1. 黄瓜结瓜初期
2. 黄瓜结瓜盛期
3. 待采收的黄瓜
4. 黄瓜大棚覆地膜栽培

1. 黄瓜大棚三层膜覆盖栽培
2. 黄瓜连栋大棚栽培
3. 黄瓜日光温室栽培
4. 黄瓜膜下灌溉

1. 黄瓜吊蔓
2. 黄瓜落蔓
3. 黄瓜花打顶状
4. 黄瓜化瓜状

1. 尖嘴黄瓜
2. 大肚黄瓜
3. 黄瓜低温危害状
4. 黄瓜叶烧病症状

黄瓜
实用栽培技术

HUANGGUA SHIYONG ZAIPEI JISHU

周俊国　姜立娜　蔡祖国　编著

中国科学技术出版社
·北　京·

图书在版编目（CIP）数据

黄瓜实用栽培技术 / 周俊国，姜立娜，蔡祖国编著 . —北京：中国科学技术出版社，2017.1（2018.12 重印）

ISBN 978-7-5046-7391-6

Ⅰ. ①黄… Ⅱ. ①周… ②姜… ③蔡… Ⅲ. ①黄瓜—蔬菜园艺 Ⅳ. ① S642.2

中国版本图书馆 CIP 数据核字（2017）第 000884 号

策划编辑	张海莲 乌日娜
责任编辑	张海莲 乌日娜
装帧设计	中文天地
责任校对	刘洪岩
责任印制	马宇晨

出 版	中国科学技术出版社
发 行	中国科学技术出版社发行部
地 址	北京市海淀区中关村南大街16号
邮 编	100081
发行电话	010-62173865
传 真	010-62173081
网 址	http://www.cspbooks.com.cn

开 本	889mm×1194mm 1/32
字 数	83千字
印 张	4.875
彩 页	4
版 次	2017年1月第1版
印 次	2018年12月第2次印刷
印 刷	北京长宁印刷有限公司
书 号	ISBN 978-7-5046-7391-6 / S·612
定 价	15.00元

Contents 目 录

第一章
黄瓜生长发育习性

黄瓜（Cucumis sativus L.）起源于喜马拉雅山南麓的印度北部、尼泊尔、缅甸和我国的云南。据《本草纲目》记载，"张骞出使西域得种，故名胡瓜"，说明我国从西汉开始引种黄瓜，初称胡瓜，隋代改名黄瓜。蔬菜学家李家文（1979）认为黄瓜由印度分两路传入我国，一路经缅甸和印中边界传入华南，并在华南被驯化，形成我国华南系统黄瓜；另一路是2 000多年前汉武帝时，由张骞经新疆将黄瓜种子带到北方，并经多年驯化，形成了华北系统黄瓜。

一、植物学特征

1. 根

黄瓜的根系是植株生长的重要器官，在黄瓜生长发育过程中由根系吸收水分和矿质营养向地上部运输。根系分主根、侧根和不定根。主根是在种子萌发时由胚根发育而来的，垂直向下生长，长达1米以上。侧根是在主根上一定部位发生的，侧根上还可发生下一级侧根，自然伸展长达2米左右。不定根多是从根颈部和茎上发生的。黄瓜根系生长有以下特点。

（1）**根系浅，根量少**　黄瓜属稀疏松散的浅根系，主要分布在根际半径30厘米左右、深5～25厘米的耕土层中，以5～15厘米深的表土层最为密集。根系的分布特点决定了其吸水和吸肥的能力较差，为了保证丰产，在生产中要注意及时供给速效肥料和水分。

（2）**木栓化早，损伤后难以恢复**　黄瓜的根系容易木栓老化，损伤后发生新根比较困难。因此，生产中为了保护幼苗根系一般采用容器育苗，并在幼苗1～3片真叶时及时移栽定植。定植后注意多次浇水以诱发新根。定植后不及时浇水，则根系老化，发生新根比较困难。

（3）**根系好气**　黄瓜根系浅，喜疏松透气的土壤，忌土壤板结。生产中应多施有机肥，浇水宜少量多次，以增强土壤的通气性。

（4）**喜湿怕涝不耐旱**　黄瓜在不同的生长季节对水分有不同的要求，但总体情况是喜湿怕涝又怕旱。冬春季节，土壤湿度大，地温低，易损伤根系；多雨季节，要防止水涝，注意及时排除田间积水，以免沤根。

（5）**喜肥但吸肥能力差**　黄瓜根系不发达，吸肥能力差，易遭受肥害。但黄瓜生长发育需要大量的营养，因此生产中施肥应少量多次，并以施用有机肥为主，追肥要结合浇水进行，以满足黄瓜生长对养分的需求。

（6）喜温怕寒怕高温　黄瓜根系生长的适宜温度为20℃～30℃，低于适宜温度根系生理活性减弱，生长停滞；高于适宜温度则呼吸作用明显加剧，根系易早衰。

总之，在生产中要根据黄瓜根系的生长习性，通过合理的土、肥、水栽培管理措施满足根系生长的需求。另外，还可采用嫁接换根的方法改善黄瓜根系。

2. 叶

黄瓜叶分子叶和真叶两种。子叶是种子储藏营养的器官，在种子萌发后最先出现，只有2片。随着幼苗进一步发育，以后出现的叶片都是真叶。真叶着生在茎蔓上，单叶互生。叶片的正面和背面都有气孔，气孔是叶片与外界进行气体交换的门户，但也是病菌侵入的通道。叶背面的气孔大而多，病菌易侵入，喷施农药时应注意叶背面的喷洒。叶片的功能主要是进行光合作用，制造有机物质。除了光合作用，叶片还有吸收功能，能吸收叶片表面喷洒的液体肥料，即叶面施肥。

3. 开花、授粉与结瓜

生产上常见的黄瓜品种均属于雌雄同株异花，异花授粉。黄瓜的生长发育，通常是先出现雄花，后出现雌花。早熟品种往往在主蔓3～4节就出现雌花，中晚熟品种在7～10节及以上才出现雌花。雌花着生节位的高低与黄瓜前期产量的多少有密切关系。黄瓜是虫媒花，一般情况下，雌花接受昆虫携带的雄花花粉后果实能正常膨大，否则果实停止发育，导致"化瓜"。但大多数黄瓜品种都具有单性结实的特性，即雌花不经授粉而果实正常发育，这种特性有的品种较强，有的品种则较弱。在保护地黄瓜生产中，昆虫较少，不利于果实受精发育。因此，单性结实特性对保护地无虫媒和低温条件下的黄瓜栽培具有重要的应用价值。对于单性结实能力弱的品种，为了提高坐瓜率，应进行人工辅助授粉，促使果实发育。一般雄花的花蕾显现黄色的花冠，第二天早上就能开放。刚开放的雄花花粉生活力最强，花粉脱离花药4～5小时后生活力即显著下降，尤其在气温高的情况下下降更加明显。雌花开花的当天柱头受精能力最强，所以人工辅助授粉，应在开花当天的上午11时以前进行。

黄瓜果实的发育呈"慢—快—慢"的生长规律，通常谢花后生长慢，以后逐渐加快，在开花后的6～9天果实生长速度最快，以后又变慢。一天中，夜间生长量较大，白天较小；夜间生长以傍晚生长速度较快，黎明较慢。一般开花后10～15天果实达到商品成熟，小果型品种成熟早，大果型品种成熟晚。

二、生物学特性

黄瓜的生长发育可分为发芽期、幼苗期、伸蔓期和结瓜期 4 个时期。露地黄瓜全生育期为 90～120 天，大棚黄瓜全生育期可长达 200 天左右。

1. 发 芽 期

从种子萌动至第一片真叶出现为发芽期，在适宜的生长条件下需 5～6 天。其生长主要依靠种子本身的营养，属自养生长阶段。该期生长发育适温为 25℃～30℃，生产中应给予适宜的温湿度条件。

2. 幼 苗 期

从第一片真叶出现至 5～6 片真叶展开为幼苗期，在适宜条件下约需 30 天。幼苗期生长缓慢，生长量较小，但在不断进行新叶和花芽的分化。在此期应创造适宜的环境条件使幼苗生长健壮，多分化雌花。在温度和肥水管理方面应本着"促""控"相结合的原则，培育适龄壮苗，为早熟、丰产打好基础。

3. 抽 蔓 期

从茎蔓开始伸长到第一雌花开放、果实坐住且直径达 1 厘米粗为抽蔓期，需 15 天左右。这一时期生长速度加快，植株由直立状态转变为蔓生状态，花芽继续形成，花数不断增加，是由以营养生长为主转向营养生长和生殖生长并进的转折期。生产中应注意促进根系生长和第一雌花坐瓜，防止发生徒长现象。栽培上既要增强根的活力，又要扩大叶面积，以确保花芽的数量和质量，并使瓜坐稳。

4. 结 瓜 期

根瓜坐住，经过连续开花结瓜，直到植株衰老拉秧为结瓜期，一般需50～100天。结瓜期的特点是营养生长与生殖生长并进，管理上应以平衡二者关系为中心。黄瓜结瓜期的长短是产量高低的关键所在，因而应千方百计延长结瓜期。结瓜期的长短受诸多因素的影响，品种的熟性是一个影响因素，但主要取决于环境条件和栽培技术措施。生产中应加强栽培管理，尽量延长结瓜期，以提高产量。

三、对环境条件的要求

1. 温　度

黄瓜属喜温性蔬菜，既不耐寒又怕高温。生长发育的温度范围为10℃～35℃，适宜的温度范围为18℃～32℃，其中以白天25℃～32℃、夜间15℃～18℃为最适宜的生长温度。

一般情况下，白天温度超过32℃，植株的呼吸量增加，光合净同化率下降；35℃时，呼吸消耗的能量与光合作用制造的有机物持平；超过35℃时，呼吸作用消耗的能量开始超过光合产量；超过40℃后几个小时，就出现叶色变淡，雄花不开或脱落，产生畸形瓜，甚至叶片出现枯萎、日灼干焦的现象。但在大棚生产中土壤和空气湿度均较高的条件下，黄瓜对高温的适应性有所提高。

在10℃～12℃条件下，黄瓜植株就表现出生理活动失调，生长缓慢或停止生长。成龄植株在5℃～10℃条件下就会遭受冻害，2℃～3℃就要枯死，完全冻死的温度为 -2℃～0℃。但黄瓜对低温的适应能力与降温的缓急、空气湿度和是否经过低温锻炼有关，若经过一段时间逐渐的降温锻炼，在3℃左右的短时间低温条件下植株也不至于冻死。保护地黄瓜栽培，室内的空气湿度较高，在2℃～5℃的短暂低温条件下，植株生长停止，但不会冻死；若持续长时间的低温，黄瓜则不能耐受而导致死亡。

黄瓜生长发育期要求一定的温差。在适宜的温度条件下，黄瓜白天主要进行光合作用制造有机物质，夜间光合作用停止，主要进行呼吸作用而消耗能量。因此，夜间低温可以减少呼吸消耗，最大限度地积累营养物质，转化和储藏糖分，利于果实发育和茎叶的生长。一般昼夜温差在10℃～15℃时较合适。

地温对根系的生长影响较大。种子的最低发芽温度为12.7℃，35℃以上发芽率会显著降低。根伸长的最低温度为8℃，最适温度为32℃，最高温度不能超过38℃。早春和秋延后的低温是限制黄瓜栽培的主要因素。

2. 光 照

黄瓜属短日照蔬菜，在较短日照条件下有利于雌花的分化形成，但短日照不利于光合作用，产量较低。一般华南型品种对短日照要求高，华北型品种对短日照要求不严格，8～11小时的短日照即可满足黄瓜雌花的分化和形成。

黄瓜生长过程中喜光，但也耐弱光，光饱和点为5.5万～6万勒，最适光照强度为2万～6万勒，低于2万勒，植株生长缓慢。黄瓜是比较耐弱光的瓜类蔬菜，对散射光有一定的适应能力，这是我们进行保护地生产的基础。在光照强度比自然光下降1/2时，光合能力基本不下降，但光照强度下降至自然光的1/4时（如长期的阴雨天），植株生长发育受到很大的影响，会引起化瓜，植株纤弱多病，产量和品质下降。

3. 水　分

　　黄瓜根系浅且不发达，叶片大且蒸腾水分多，决定了其既喜湿又怕涝且不耐旱的特性。黄瓜生产中土壤水分的控制是一项比较严格的栽培技术。黄瓜生长适宜的土壤相对湿度为60%～90%，但不同生长时期要求也不一样。苗期为60%～70%，生产中应适当供水，不可过湿，以防寒根、徒长和病害发生。成株生长期适宜的土壤相对湿度为80%～90%，生产中在初花期要适度控水，以利坐瓜；在结瓜期，植株的生长进入最旺盛时期，生长和蒸腾作用要消耗大量的水分，土壤中要保持足够的水分。总的原则是温度高和植株旺盛生长时，要供给较多的水分；温度低时，要适量供水，且一次浇水不能太多，以防土壤板结，透气性差，而发生沤根和猝倒病。

　　黄瓜生长要求较高的空气湿度，一般要求空气相对湿度为80%～95%，白天80%左右，夜间90%以上。

空气湿度小，不利于叶片发育，易出现萎蔫；但空气湿度太大，尤其是在较低温度条件下，影响叶片的气体交换和光合作用，植株生长减缓，同时易发生病害。在大棚黄瓜生产中，空气湿度和土壤湿度是密切相关的，在生长旺季，可采用膜下灌水技术，既保证了根系的水分供应，又可防止空气湿度太大而导致的病害蔓延。

4. 土　壤

黄瓜的生长发育与土壤的质地、营养状况、酸碱度、含盐量等密切相关。栽种黄瓜宜选用有机质丰富、透气性良好、既能保水又利排水的沙壤土。

黄瓜的生长发育需要多种矿质元素，并且要求各种矿质元素合理的搭配。黄瓜全生育期吸收矿质元素的总量，一般以收获单位重量果实所需要吸收元素的量为指标，每生产 1 000 克果实，植株约需吸收氮 2.8 克、五氧化二磷 0.9 克、氧化钾 3.9 克、氧化钙 3.1 克、氧化镁 0.7 克。在不同生育期对矿质元素的需求差别很大，幼苗期吸肥量很少，结瓜期吸肥量占整个生育期的 60% 以上；在生长初期需氮多而需钾少，以后钾的需求量逐渐升高，而氮的需求量次之；在整个生育期对磷的需求量都不能缺少，要注意增施磷肥。黄瓜生长发育过程中，需要各种营养元素合理搭配、均衡供应，任何一种元素缺乏均会影响植株正常生长发育，出现缺素症状。缺素症首先在叶片上表现出来，生产中可根据"叶相"判断土壤中是否缺乏某种元素（表 1-1）。

表 1-1　黄瓜缺乏主要元素后的叶相

缺乏元素	叶　相
氮	叶片色淡、黄化且薄而小。黄化现象自下而上出现，在生长后期可见下部叶片黄化枯死，上部叶片色淡绿
磷	幼叶小而僵硬，颜色为深绿色；老叶出现大块水渍状斑，长时间斑块会变褐干枯，凋萎脱落
钾	叶片呈青铜色，叶缘渐变黄绿色，主脉下陷。后期脉间失绿，并向叶片中部扩展，随后叶片坏死，叶缘干枯，但主脉仍可保持一段时间的绿色。症状的出现是自下而上，老叶受害最重，幼叶卷曲
钙	幼叶小，边缘缺刻深，叶缘向上卷曲，幼叶叶缘和叶脉间出现透明白色斑点，多数叶片叶脉间失绿，主脉仍为绿色。严重时叶柄变脆，易脱落。在植株的顶端表现明显
镁	老叶脉间组织失绿，从叶缘向内发展，失绿斑块下陷，主脉仍为绿色。后期斑块坏死，叶片枯萎。症状自下而上出现，严重时整株黄化
铁	从幼叶开始出现叶肉网状失绿，叶脉深绿、黄绿相间明显。严重时叶片出现坏死斑点，叶片逐渐枯死
硼	植株生长点发育停止，顶梢枯死，中下部叶片轻度失绿，出现水渍斑，叶片变厚变脆、畸形，叶缘部分变褐色。严重时，嫩叶卷曲，最后死亡，死亡组织呈灰色
锌	幼叶小，初期幼叶失绿，后期老叶也失绿。叶脉间失绿呈白化状
锰	叶片失绿，叶肉呈杂色斑点，叶脉仍为绿色

　　黄瓜喜中性偏酸的土壤，在 pH 值 5.5～7.5 的范围内能正常发育，但以 pH 值 6.5 为最适。黄瓜极不耐盐，

对较高浓度的 Na^+、Mg^{2+}、Cl^-、SO_4^{2-}、CO_3^{2-}、HCO_3^- 等离子比较敏感。在地下水位高的盐碱地、种植时间比较长的大棚地易发生盐害，致使幼苗发生叶黄而不发棵和死苗的现象，生产中要注意采取合理施肥、不用盐碱水灌溉和嫁接换根栽培等技术措施。

5. 二氧化碳

二氧化碳是黄瓜进行光合作用的原料。一般空气中二氧化碳的浓度为 0.03%，但在相对密闭的保护地中，二氧化碳的浓度有所降低，不能满足光合作用的需要。研究表明，二氧化碳浓度在 0.005%～0.1% 的范围内，随着浓度升高，黄瓜植株光合能力不断提高。因此，生产中为了提高黄瓜产量，应在保护地中增施二氧化碳气肥，将二氧化碳浓度提高至 0.1%，黄瓜可增产10%～20%。

第二章
黄瓜栽培模式与品种选择

一、适宜大棚春季栽培的品种

目前，适宜大棚春季种植的黄瓜品种主要有中农12号、春绿7号、中农201、中农203、中农207、津园4号、北京203、博特202、津绿21-10、冀新26号、津优35号、津优308号等。

1. 中农12号

中国农业科学院蔬菜花卉研究所选育。该品种属中早熟普通花型一代杂种，生长势强，以主蔓结瓜为主，第一雌花始于主蔓2～4节，每隔1～3节出现1朵雌花，瓜码较密。瓜条长30厘米左右，商品性极佳。瓜色深绿一致，有光泽，无花纹，瓜把长约2厘米，单瓜重150～200克。具刺瘤，但瘤小，易于洗涤，且农药的残留量小，白刺，质脆，味甜。熟性早，从播种至第一次采收50天左右。前期产量高，丰产性好，每667米²产量5000千克以上。抗霜霉病、白粉病、黑星病、枯萎病、病毒病等多种病害。

2. 春绿7号

吉林省蔬菜花卉科学研究院选育。植株生长势强，中早熟，第一雌花出现在4～5节，从播种至采收57～65天。以主蔓结瓜为主，生长中后期有回头瓜。瓜长33厘米左右，单瓜重230克左右。瓜条顺直，皮色深绿，刺瘤密度中等。瓜肉绿色，质脆味甜。中抗黄瓜霜霉病，抗枯萎病。每667米²产量6200千克左右。适于早春大棚栽培。

3. 中农201

中国农业科学院蔬菜花卉研究所选育。早熟杂交种，从播种至始收53～55天。有限生长型，17片叶后，植株顶部自封顶。叶色绿，分枝弱。除基部几节有雄花外，其余各节均为雌花。主蔓结瓜，瓜码密，瓜为棒形，瓜长26～32厘米，横径3.2～3.5厘米，瓜把短（瓜把长度/瓜全长小于1/7），条直。无黄色条纹，皮色深绿且均匀，有光泽。白刺，刺瘤稀密中等，刺小。瓜肉厚约0.6厘米，心腔小（心腔直径/瓜直径小于1/2）。单瓜重150～200克。高抗白粉病、细菌性角斑病、黑星病和枯萎病，抗霜霉病。肉质脆嫩，味微甜无苦味。

4. 中农203

中国农业科学院蔬菜花卉研究所选育。适宜春保护地栽培。植株无限生长型，生长势强，生长速度快，以主蔓结瓜为主，主蔓1~2节位有雄花，3~4节起出现雌花，以后几乎每节均为雌花。熟性早，从播种至第一次采收55~60天，早期产量和总产量均高。瓜长棒形，把短、条直，瓜皮深绿色、有光泽，瓜表无棱，瓜顶无黄色条纹，白刺，刺瘤小且较密。瓜长30厘米左右，横径3.5厘米左右。肉厚、腔小，肉质脆嫩，味微甜，商品性好。植株抗霜霉病、白粉病和枯萎病。每667米^{2}产量5 000千克以上。

5. 中农207

中国农业科学院蔬菜花卉研究所选育。全雌型一代杂种，保护地专用。瓜棒形，皮色深绿，刺瘤稀密中等，瓜长约30厘米，横径3~3.5厘米，单瓜重150~200克。肉质脆嫩，味微甜。早熟，从播种至第一次采收60天左右。抗白粉病、枯萎病、细菌性角斑病、黑星病、霜霉病等病害。采收期较长，一般每667米^{2}产量5 000~8 000千克。

6. 津园4号

天津市科润黄瓜研究所育成的杂交一代黄瓜新品种。该品种高抗枯萎病，抗霜霉病、白粉病。生长势强，产量高，商品性好，品质优。瓜长35厘米左右，瓜条顺直，深绿色，刺瘤明显，瓜肉淡绿色，口感脆嫩，味甜。

7. 北京203

北京市农林科学院蔬菜研究中心选育。生长势旺盛，雌花节率40%，瓜长33～35厘米，横径3.5厘米左右，瓜肉浅绿色，瓜把短，外皮深绿色、有光泽，顶部无黄线，刺瘤密，质脆，味甜，风味浓，货架期长，既可鲜食又可用作腌渍加工。高抗霜霉病、黄瓜花叶病毒病及枯萎病，抗细菌性角斑病、黑星病及白粉病。以主蔓结瓜为主，前期耐低温、弱光，后期耐高温长日照，不易早衰，持续结瓜能力强，具较强的单性结实能力。适宜早春温室及春大棚种植。每667米²产量早春温室种植为5 400千克左右，春大棚种植为4 600千克左右。

8. 博特202

天津市德瑞特种业有限公司，针对春大棚和早春温室茬口育成的黄瓜品种。集前期采瓜早，前、中期产量集中，总产量高和商品性突出为一体，耐低温能力强，中小叶片，叶色深绿，瓜长33厘米左右，单瓜重200克以上；瓜把短，瓜条直，刺密，瘤大，肉绿，无棱，不黄头。植株抗霜霉病、白粉病、枯萎病能力强。

9. 津绿21-10

天津市绿丰园艺新技术开发公司育成。早熟性好，耐低温、弱光能力强，高抗霜霉病、白粉病、枯萎病。瓜条顺直，瓜皮深绿色，光泽度好，瓜把短，刺瘤密，瓜条长36厘米左右，商品瓜率高，单瓜重200克左右，瓜肉淡绿色。叶片中等大小，以主蔓结瓜为主，瓜码密，回头瓜多，瓜条生长速度快，丰产潜力大。适宜日光温室越冬茬及早春大棚栽培。

10. 冀新26号

河北省农林科学院经济作物研究所选育。以主蔓结瓜为主，分枝能力弱，连续坐瓜能力强。早熟性好，定植至开花需时21天，定植至根瓜采收需时36天。第一雌花节位低，瓜码密，节成性强，15节以内平均有雌花11.3个、平均成瓜10.6根。瓜条顺直，平均瓜长32.3厘米，瓜色深绿、有光泽，瓜把短，平均瓜把长度4.23厘米，刺瘤大小和密度中等，瓜肉淡绿色。平均单瓜重260克，自根瓜采收30天内，每667米²产量4585千克。高抗霜霉病、白粉病和枯萎病。为早春塑料大棚专用黄瓜一代杂交新品种。

11. 津优35号

天津科润黄瓜研究所育成。植株生长势较强，叶片中等大小，以主蔓结瓜为主，瓜码密。单性结实能力强，化瓜率低于10%，瓜条生长速度快，早熟性好。瓜条顺直，皮色深绿，光泽度好，瓜把小于瓜长1/8，心腔小于瓜横径1/2，刺密，无棱，瘤中等，瓜长32～34厘米，畸形瓜率小于5%，单瓜重200克左右，质脆味甜，品质好，商品性极佳。耐低温弱光，同时具有良好的耐热性能。丰产性好，长周期栽培每667米²产量15 000千克左右，最高可达30 000千克。抗病性强，抗霜霉病、白粉病、枯萎病、病毒病。适宜越冬温室和早春大棚栽培。

12. 津优308号

天津科润黄瓜研究所育成的保护地黄瓜一代杂种。

植株生长势强，叶片中等大小。耐低温弱光性好，不早衰，持续坐瓜能力强，生长后期耐高温，在34℃～36℃条件下也可正常结瓜。瓜条顺直，瓜把短，皮色深绿，光泽度好，刺密，瘤中等，商品性好。瓜条长34厘米左右，单瓜重220克左右，日光温室越冬栽培每667米²产量16 000千克以上，早春大棚栽培每667米²产量7 000千克。抗霜霉病、枯萎病、细菌性角斑病，中抗白粉病。适宜我国北方地区越冬温室和早春大棚栽培。

二、适宜大棚秋季栽培的品种

目前，适宜大棚秋季栽培的黄瓜品种主要有津优21号、津优30号、津优31号、津优32号、津优33号、津优38号、津优46号、津优48号、津优305号、津优401号、新优36号、绿园4号、博美2号、佛罗里达2号、中农16号等。

1. 津优21号

天津科润黄瓜研究所选育的新品种。该品种植株生长势强，茎粗壮，叶片中等大小，叶色深绿，分枝性中等。以主蔓结瓜为主，瓜码密，回头瓜多，单性结实能力强，瓜条生长速度快。耐低温、弱光能力强，夜温9℃～12℃及弱光9 000勒条件下可正常生长。瓜长35厘米左右，单瓜重209克左右，瓜条棒状，深绿色，有光泽，棱刺瘤明显，白刺，瓜把短，商品性好，品质佳。

抗霜霉病、白粉病和枯萎病。前期产量较高，每 667 米²产量 5 000 千克左右。

2. 津优 30 号

天津科润黄瓜研究所选育的杂交一代品种。耐低温、耐弱光能力强，在温度 6℃时能正常生长发育，短时 0℃低温不会造成植株死亡。在连续阴雨 10 天、平均光照不足 6 000 勒时仍能收获果实。该品种高抗枯萎病，抗霜霉病、白粉病和细菌性角斑病。瓜码密，雌花节率 40% 以上，化瓜率低，连续结瓜能力强，有的节位可以同时或顺序结 2～3 条瓜。瓜条长 35 厘米左右，瓜把长在 5 厘米以内。瓜色深绿、有光泽。瓜条刺密、瘤明显，便于长途运输。此外，该品种畸形瓜少，肉质脆、味甜，品质优。

3. 津优 31 号

天津科润黄瓜研究所选育的新一代杂交品种。该品种植株生长势强，茎粗壮，叶片中等大小，以主蔓结瓜为主，瓜码密，回头瓜多，单性结实能力强，早熟性好。抗霜霉病、白粉病、黑星病，对枯萎病表现高抗，耐低温弱光，在连续 10 天 8℃～9℃低温及弱光条件下生长发育基本正常。瓜条顺直，皮色深绿、有光泽，棱刺瘤适中，瓜长 32 厘米左右，单瓜重 180 克左右，肉质脆、味甜，品质好。生长期长，不易早衰，丰产稳产性好。

4. 津优 32 号

天津科润黄瓜研究所选育的新一代杂交品种。该品种植株生长势强，茎粗壮，侧枝较多。第一雌花出现在4节左右，雌花节率50%以上。耐低温、弱光能力强。在温室内最低温度为6℃、每天持续均在4小时以上仍能正常结瓜。在持续7天低温、弱光条件下没有明显的生育障碍出现。瓜条棒状、顺直，单瓜重200克左右，瓜条长35厘米左右，深绿色，刺瘤适中；心腔小，瓜把短；瓜肉淡绿色、口感脆嫩、味甜，商品性好，品质优。高抗枯萎病，抗霜霉病、白粉病和黑星病。

5. 津优33号

天津科润黄瓜研究所选育的杂交一代品种。生长势强，叶片中等大小，深绿色，以主蔓结瓜为主；低温（8℃～10℃）弱光（8000勒）条件下能够正常开花结瓜。瓜条生长速度快，坐瓜率高；低温时，植株表现叶片不卷、生长点部位舒展。抗黄瓜霜霉病、白粉病和灰霉病；瓜条长30～32厘米，心腔小于瓜横径的1/2，瓜把较短，刺瘤密，瓜条深绿色，有光泽，口感脆嫩，品质好，单瓜重175克左右，每667米^{2}产量6000千克左右。

6. 津优38号

天津科润黄瓜研究所育成的黄瓜杂交一代品种。该品种综合性状表现较好，耐低温弱光能力强，在我国北方低温弱光条件下，生长势好，对低温弱光的适应性较好。植株生长势中等，叶片中等大小，株形好，栽培易于管理，通风透光好。以主蔓结瓜为主，第一雌花节位5节左右，雌花节率 50% 左右。瓜条长棒状，顺直，畸形瓜少，商品性好；瓜条长 32 厘米左右，单瓜重 180 克左右；瓜色亮绿，刺密，瘤适中，瓜把长中等。瓜条生长速度快，持续结瓜能力强，不歇秧。高抗枯萎病，中抗霜霉病和白粉病。

7. 津优 46 号

天津科润黄瓜研究所选育。植株生长势强，叶片中等大小，以主蔓结瓜为主，侧枝有一定结瓜能力。耐热性好，田间栽培时，36℃～37℃条件下可正常结瓜。瓜条顺直，深绿色，光泽度好，刺瘤适中，无棱，瓜肉淡绿色，口感脆甜，品质佳。瓜长 34 厘米左右，瓜把长小于瓜长的 1/7，单瓜重 200 克左右。高抗霜霉病和白粉病，抗枯萎病和病毒病。

8. 津优 48 号

天津科润黄瓜研究所育成的保护地黄瓜一代杂种。植株长势中等，叶片大小中等，叶绿色。主蔓结瓜为主，春露地栽培第一雌花节位始于主蔓 4 节，雌花节率 40% 左右。瓜条棒状，瓜色油绿，有光泽，瓜条长 35 厘米以上，单瓜重 230 克左右，瓜把短，瓜腔小。耐高温能力强，抗病性强，高抗黄瓜枯萎病、霜霉病、白粉病和病毒病等病害，丰产性好。适宜露地及秋大棚栽培。

9. 津优 305 号

天津科润黄瓜研究所育成。瓜长 35 厘米左右，把短，瓜色深绿，刺密，无棱，瘤适中。耐低温和高温性能突出，畸形瓜率极低。日光温室越冬栽培，每 667 米² 产量可达 16 000 千克以上。抗霜霉病、白粉病和枯萎病，适应性广。适宜越冬茬、早春茬日光温室及秋大棚栽培。

10. 津优 401 号

天津科润黄瓜研究所育成。植株生长势较强，以主蔓结瓜为主，叶片中等大小，叶色绿，瓜条长 35 厘米左右，瓜把短，不溜肩，瓜条长和瓜把长比值为 7.5，心腔小于瓜横径 1/2，单瓜重 200 克左右，瓜条亮绿、顺直，商品率较高。雌花分布均匀，持续结瓜能力强，丰产性好，且瓜杈较少。春露地栽培，每 667 米² 产量 6 000 千克以上。对霜霉病、白粉病、枯萎病抗性强，耐热性强，在 34℃～40℃ 条件下仍能正常生长发育。适合露地及春秋大棚栽培。

11. 新优 36 号

河南省农业科学院园艺研究所选育的优良黄瓜杂交新品种。早熟性好，秋茬从播种至开始采收需 45～50 天。植株健壮，对高温和低温适应能力强，抗逆性好，株形紧凑，中小叶片，主蔓连续结瓜能力强。瓜条顺直，瓜长 30 厘米左右，皮色浓绿，把短刺密，瓜肉浅绿色，口感脆嫩清香，商品率高。为秋季大棚栽培的主要品种之一。

12. 绿园 4 号

沈阳农业大学和辽宁省农业科学院蔬菜研究所共同选育。植株生长势强，叶片平展，以主蔓结瓜为主，第一雌花着生在主蔓3～5节，以后节节为雌花。商品瓜长约30厘米，瓜皮绿色，有光泽，底色均匀，无黄头，刺瘤明显，棱不明显，瓜把短（小于或等于瓜长的1/7），心腔横径小于或等于瓜条横径的1/2。抗黄瓜花叶病毒病、细菌性角斑病，中抗霜霉病。早熟，丰产，适宜长江以北地区春秋露地栽培或秋冷棚栽培。

13. 博美2号

天津德瑞特种业有限公司育成的黄瓜新品种。瓜条密刺、棍棒形，刺瘤明显，商品性好，瓜长35厘米左右，有光泽，单瓜重200克左右。耐热性好，抗重茬，抗黄瓜霜霉病、白粉病和枯萎病。瓜码密，可不喷或少喷增瓜灵类植物生长调节剂，以主蔓结瓜为主，产量高。适合露地及秋大棚栽培。

14. 佛罗里达2号

美国佛罗里达州农业科学院育成的优质高产黄瓜新品种。该品种生长势强，蔓长3米左右，茎秆粗壮，叶片肥大，克服了其他品种生长势弱、易花打顶的缺点。极早熟，第一雌花着生于3～4节，瓜条生长快，从育苗至采收55～60天。结瓜多，瓜码密，不易化瓜，连续结瓜能力强，有的节位可同时结2条瓜。瓜条顺直，瓜长35厘米左右，瓜把短、刺密、瘤较小、亮绿色、有光泽，畸形瓜少，肉质脆味甜，商品性好，克服了其他品种有"花脑门"、品质差的不足。高抗枯萎病、霜霉病等病害，克服了其他品种不抗病的缺点。抗性强，耐低温弱光能力极强，在棚温6℃时能正常生长，短时3℃低温植株不会死亡，在连续阴雨10天、平均光照强度不足6000勒时仍能收获果实，同时也耐高温高湿。产量高，高产栽培每667米²产量18000千克左右。

15. 中农16号

中国农业科学院蔬菜花卉研究所育成的中早熟杂交一代黄瓜品种。具有口感脆甜、品质极佳、瓜把圆短、瓜色深绿、瓜条顺直亮泽，尤其是瓜刺密但瓜身圆润棱沟少、农药残留低、易清洗及易削皮等优点。植株生长速度快，结瓜集中，以主蔓结瓜为主，第一雌花始于主蔓3～4节，每隔2～3片叶出现1～3朵雌花，瓜码较密。瓜条商品性及品质极佳，瓜条长棒形，瓜长30厘米左右，瓜把短，瓜色深绿，有光泽，白刺、较密，瘤小，单瓜重150～200克，口感脆甜。熟性早，从播种至始收52天左右，前期产量高，丰产性好，秋季大棚栽培每667米²产量4000千克以上。抗霜霉病、白粉病、黑星病、枯萎病等多种病害。

三、大棚春季和秋季均能栽培的品种

1. 津优10号

天津科润黄瓜研究所育成的黄瓜新品种。植株生长势强，早熟，第一雌花节位在4节左右，从播种至根瓜采收一般为60天。瓜条长35厘米左右，横径3厘米左右，单瓜重 180 克左右。瓜色深绿、有光泽，刺瘤中等，口感脆嫩，畸形瓜率低。高抗霜霉病，兼抗霜霉病、白粉病和枯萎病。前期以主蔓结瓜为主，中后期主、侧蔓均具有结瓜能力，每 667 米² 产量 5 000 千克以上。该品种前期耐低温，后期耐高温，是大棚早春与秋延后栽培的理想品种。

2. 津优 12 号

天津科润黄瓜研究所育成的杂交一代品种。叶片中等大小、深绿色，植株生长势中等。以主蔓结瓜为主，侧蔓也具有结瓜能力。主蔓第一雌花着生在 4 节左右，春季雌花节率 50% 左右。瓜条顺直、长棒状，瓜长 35 厘米左右，单瓜重 200 克左右。瓜色深绿、有光泽，瘤显著，密生白刺，瓜肉绿白色、质脆、味甜，品质优，商品性好，不易形成畸形瓜。耐低温能力较强，可在春季 10℃ 低温条件下正常发育。抗病，对枯萎病、霜霉病、白粉病和黄瓜花叶病毒病的抗性强。丰产性好，春季大棚早熟栽培每 667 米² 产量 6 000 千克左右，秋季大棚栽培每 667 米² 产量 3 500 千克左右。

3. 津优 13 号

天津科润农业科技股份有限公司黄瓜研究所选育。植株生长势较强，叶片中等大小、深绿色，以主蔓结瓜为主，第一雌花节位在 4 节左右。瓜条生长速度快，坐瓜率高，畸形瓜率低于 15%。抗霜霉病、白粉病、枯萎病。瓜皮深绿色、有光泽，刺瘤较密，稍有棱，瓜条长 32 厘米左右，瓜把短，横径 3 厘米左右，心腔小，口感脆嫩，商品性好。单瓜重 185 克左右，每 667 米² 产量 5 000 千克左右。前期耐低温，后期耐高温，适合春、秋大棚种植。

4. 津优 20 号

天津科润黄瓜研究所育成的杂交一代品种。叶片大而厚、深绿色，茎粗壮，植株生长势强。以主蔓结瓜为主，侧蔓也具有结瓜能力。主蔓第一雌花着生在 4 节左右，雌花节率 50% 以上，回头瓜多。瓜条顺直、长棒状，瓜长 30 厘米左右，单瓜重 150 克左右。瓜色绿、有光泽，瘤显著，密生白刺，瓜肉淡绿色、质脆、味甜，品质优。耐低温能力较强，可在春季 10℃低温条件下正常发育，短期 4℃～5℃低温对植株无明显影响。生育后期耐高温能力较强，可在 34℃～36℃高温条件下正常结瓜。抗病，对枯萎病、霜霉病、白粉病的抗性强。春季大棚早熟栽培每 667 米² 产量 5 000 千克左右，秋冬茬栽培每 667 米² 产量 4 000 千克左右。

5. 津优 36 号

天津科润黄瓜研究所培育成的黄瓜新品种。植株生长势强，叶片大，以主蔓结瓜为主，瓜码密，回头瓜多，单性结实能力强，瓜条生长速度快。早熟，抗霜霉病、白粉病、枯萎病，耐低温、弱光。瓜条顺直，皮色深绿、有光泽，瓜把短，心腔小，刺密、棱浅、瘤中等，瓜长 32 厘米左右，畸形瓜率低，单瓜重 200 克左右，质脆味甜，品质好，商品性佳。生长期长，不易早衰，中后期产量高，越冬栽培每 667 米 ^{2} 产量 10 000 千克以上。

6. 津优 303 号

天津科润黄瓜研究所选育的杂交一代黄瓜新品种。该品种植株生长势强，叶片中等偏小，叶肉厚，叶色深绿，光能利用率高。瓜码密，以主蔓结瓜为主，单性结实能力强。高抗霜霉病、白粉病、褐斑病、枯萎病。耐低温弱光能力强，在越冬栽培中不歇秧，在低温寡照条件下能持续结瓜。瓜条商品性佳，畸形瓜率低，瓜条顺直，皮色亮绿、光泽度好，中等瓜条，无棱，瓜长 32～34 厘米，单瓜重 200 克左右，口感脆嫩，品质好。生长期长，不易早衰。

7. 中农 13 号

中国农业科学院蔬菜花卉研究所育成的专用雌性黄瓜新品种，获国家发明专利。植株生长势强，生长速度快，以主蔓结瓜为主，侧蔓短，回头瓜多。第一雌花始于主蔓 2～4 节，雌株率 50%～80%。瓜长棒形，皮色深绿、有光泽、无花纹，瘤小刺密、白刺，无棱。平均瓜长 25.35 厘米，横径 3.2 厘米左右，单瓜重 100～150 克，肉厚质脆，味甜，品质佳，商品性好。单性结实能力强，连续结瓜性好，可多条瓜同时生长。耐低温能力强，在夜温 10℃～12℃条件下，植株能正常生长发育。早熟，从播种至始收 62～70 天。高抗黑星病，抗枯萎病、疫病及细菌性角斑病，耐霜霉病。每 667 米 ^{2} 产量 6 000～7 000 千克，最高可达 9 000 千克以上。

8. 中农 18 号

中国农业科学院蔬菜花卉研究所育成。早熟性好，以主蔓结瓜为主，瓜码较密。瓜色深绿，瓜长 33～38 厘米，商品瓜率高。刺瘤密，白刺，瘤中小，无棱，无黄色条纹。抗白粉病、霜霉病、枯萎病、病毒病，丰产潜力大，每 667 米²产量达 10 000 千克。适宜春秋大棚和露地栽培。

9. 中农 26 号

中国农业科学院蔬菜花卉研究所育成的黄瓜杂种一代。植株生长势强，分枝中等，以主蔓结瓜为主，节成性好，坐瓜能力强，瓜条发育速度快，回头瓜较多。瓜色深绿、有光泽，瓜长 30 厘米左右，横径 3.3 厘米左右，把短，商品瓜率高。刺瘤密，白刺，瘤小，无棱，无黄色条纹，口感好。熟性中等，从播种至始收 55 天左右。丰产，持续结瓜能力强，每 667 米²产量高达 10 000 千克以上。综合抗病能力及耐低温弱光能力强，适宜早春、秋冬茬大棚栽培。

10. 中农 28 号

中国农业科学院蔬菜花卉研究所育成。早熟性好，以主蔓结瓜为主，瓜码较密。瓜深绿色，瓜长 35 厘米左右，刺瘤密，白刺，瘤中小，无棱，无黄色条纹，商品瓜率高。抗霜霉病、病毒病，中抗白粉病、枯萎病，丰产潜力大，每 667 米²产量达 10 000 千克以上。适宜春秋大棚和露地栽培。

11. 中农 116 号

中国农业科学院蔬菜花卉研究所育成。早中熟，以主蔓结瓜为主，瓜码较密。瓜深绿色，瓜长约 30 厘米，刺瘤密，白刺，瘤小，无棱，无黄色条纹，商品瓜率高，口感脆甜。抗霜霉病、枯萎病、病毒病，丰产潜力大，每 667 米² 产量达 10 000 千克以上。适宜春秋大棚及露地栽培。

12. 北京 204

北京市农林科学院蔬菜研究中心选育。适于春秋大棚及秋延后种植。春季苗龄 30～35 天，植株生长势较强，节间短，叶色深绿，叶片中等，以主蔓结瓜为主。春播第一雌花节位为 3～4 节，以后每隔 1 节出现 1 朵雌花。单性结实能力强，春大棚种植早熟性好，秋大棚栽培从播种至收获 45 天左右，秋延后种植后期耐寒性好。该品种抗霜霉病、白粉病、细菌性角斑病能力强，产量高。瓜长 32～35 厘米，瓜皮亮绿，刺瘤中等，瓜把短，质脆，瓜肉浅绿色，味甜，香味浓，外观和食用品质均好。每 667 米² 种植 4 000 株，产量 7 000 千克左右。

13. 北京 205

北京市农林科学院蔬菜研究中心选育。适于春温室、春秋大棚及秋延后种植。瓜长 30～33 厘米（春温室栽培较短，春秋大棚栽培较长），刺瘤适中，瓜色绿有光泽，心室小，香味浓。对霜霉病、白粉病、细菌性角斑病抗性强于同类主栽品种。春季栽培每 667 米² 产量 10 000 千克左右，秋季栽培每 667 米^{2}产量 4 000 千克左右。

14. 博美 70

天津德瑞特种业有限公司育成的杂交一代黄瓜新品种。该品种前期产量和总产量均高，种植效益好。植株生长势强，茎蔓粗壮，叶色深绿，叶片中等偏小。瓜码密，瓜条油亮，膨瓜速度快，连续结瓜能力强，产量高。瓜条长 32 厘米左右，瓜肉淡绿色，腔小肉厚，质密清香，脆嫩微甜，口感好。抗霜霉病、白粉病、枯萎病和黄点病。每 667 米^{2}产量最高可达 27 500 千克。

15. 博美 301

天津德瑞特种业有限公司育成的杂交一代黄瓜新品种。该品种为强雌品种，适宜北方保护地早春、越冬温室及春大棚栽培。植株生长势中等，叶片中等偏小。瓜条深绿色、有光泽，商品性好，密刺型，瓜长 35 厘米左右，单瓜重 200 克左右。前期膨瓜速度快、产量高，总产量高，效益好。适宜嫁接栽培。

16. 唐秋 208

河北省唐山市农业科学研究院育成。早熟、强雌，20 节内雌花率为 85.17%。商品瓜长约 14.63 厘米，横径约 3.97 厘米，平均单瓜重 147 克，商品瓜绿色，表皮有光泽，刺瘤较大，瘤稀，商品性状好。每 667 米^{2}产量5 000 千克左右。适合春秋保护地和露地栽培。

17. 德瑞特 D19

天津德瑞特种业有限公司育成。植株株形紧凑，生长势强，龙头大，主蔓结瓜，叶片中等大小，节间适中。瓜码密，连续结瓜能力强，不歇秧，产量高。瓜条长36厘米左右，瓜把短，密刺，瓜色均匀，瓜条顺直、整齐，性状稳定。主蔓柔软易落蔓，瓜柄中等易蘸瓜，生长速度快，育苗时间短。耐低温弱光能力强，抗病能力强，高抗"烂龙头"、枯萎病、霜霉病。适合秋延后、早春茬栽培。

四、水果型黄瓜品种

1. 中农大41号

中国农业大学农学与生物技术学院蔬菜系选育的无刺瘤小果型黄瓜品种。植株生长势强，叶色浅绿，开展度小。植株全雌，雌花单生，单性结实能力强，瓜条生长快，春季栽培播种至采收55天左右。瓜条短棒状，皮色亮绿、光泽好，瓜面平滑、无瘤刺，瓜把极短，可食率高，口感脆甜，品质佳。瓜长13厘米左右，横径2.6厘米左右，心腔小，单瓜重75克左右，商品性好。耐低温弱光，抗枯萎病，中抗白粉病和霜霉病。适宜日光温室全季节及塑料大棚春季栽培。

2. 中农大51号

中国农业大学农学与生物技术学院蔬菜系选育的无刺瘤中果型黄瓜品种。植株生长势强，开展度中等，叶色浅绿。植株全雌，基部雌花常2～3朵丛生，上部雌花单生。单性结实能力强，瓜条生长快，春季栽培播种至采收 60 天左右。瓜条棒状，皮色亮绿、光泽好，瓜面光滑无瘤刺，瓜把短。瓜长 18～20 厘米，横径 2.8 厘米左右，心腔小，单瓜重 100 克左右，商品性好。耐低温弱光，抗枯萎病和白粉病，中抗霜霉病。适宜日光温室全季节及塑料大棚春季栽培。

3. 中农 19 号

中国农业科学院蔬菜花卉研究所育成的黄瓜雌型杂交一代。植株生长势和分枝性极强，顶端优势突出，节间短粗。第一雌花始于主蔓 1～2 节，其后节节为雌花，连续坐瓜能力强。瓜短筒形，瓜色亮绿一致，无花纹，瓜面光滑，易清洗。瓜长 15～20 厘米，单瓜重约 100 克，口感脆甜，不含苦味素，富含维生素和矿物质，适宜作水果食用。丰产，每 667 米² 产量可达 10 000 千克以上。抗病能力强，高抗细菌性角斑病，抗枯萎病、黑星病和白粉病。具有很强的耐低温弱光能力，在低温 10℃、弱光 5 000 勒条件下可正常结瓜，同时又能耐一定的高温。

4. 中农 29 号

中国农业科学院蔬菜花卉研究所育成的黄瓜雌型杂交一代品种。植株生长势和分枝性强，顶端优势突出，节间短粗。第一雌花始于主蔓 1～2 节，其后节节均为雌花，连续坐瓜能力强。瓜短筒形、绿色，瓜条粗细均匀，瓜长 13～15 厘米，表面光滑。单瓜重 80～100 克，口感脆甜，风味好，商品瓜率高，每 667 米²产量可达 10 000 千克以上。抗病性突出，抗黑星病、枯萎病、白粉病和霜霉病等多种病害。耐低温弱光性好，丰产，抗病，品质好。

5. 水果黄瓜 1 号

山东省青岛市农业科学院蔬菜研究所选育的强雌型、早熟欧洲型黄瓜杂交一代品种。该品种的突出特点是高产、早熟、抗病，丰产潜力大，适合在温室、大棚保护地栽培。植株生长势强，叶色浅绿，主、侧蔓同时结瓜。春大棚提早栽培从播种至采收需 72 天。瓜短圆筒形，皮绿色，瓜条顺直，瓜表面光滑无棱沟，刺浅、褐色、稀少。瓜长约 19.6 厘米，横径约 3 厘米，3 心室，平均单瓜重 115 克，瓜把长约 23 厘米，小于瓜长的 1/7，肉厚占横径的比例为 64.7% 左右，商品性好，品质优良。田间表现抗细菌性角斑病、霜霉病、枯萎病。

6. 碧玉 2 号

上海富农种业有限公司选育的欧洲型水果黄瓜。植株生长势强，全雌性，有侧蔓，以主蔓结瓜为主。瓜长 14～18 厘米，单瓜重 80～140 克范围内采收，可适应各地市场对商品瓜长度和质量的不同需求。瓜条直，商品瓜整齐一致，瓜肉厚，瓜表光滑，无刺感，瓜色碧绿，光泽度好，口味清脆，商品性特佳。每 667 米²产量 5 500 千克左右。适宜全国各地春秋季保护地栽培。

7. 京研迷你4号

北京市农林科学院蔬菜研究中心选育的水果黄瓜。全雌型，每节1瓜，植株生长势旺盛，侧蔓丰富，叶片较大、平展、浅绿色，单性结实能力强，可连续结瓜。兼具低温弱光耐受性与耐热性，抗（耐）黄瓜主要真菌与细菌病害，适于秋季大棚种植。瓜长15厘米左右，横径2.5厘米左右，单瓜重70克左右。皮色亮绿、有光泽，着色均匀，无刺瘤，无瓜把，清香味浓，口感甜脆，商品瓜品质达到国外同类优良品种水平。生育期长达7个月，每667米²产量稳定在10000千克以上，畸形瓜率低，特别适合长季节栽培。

8. 津美3号

天津科润黄瓜研究所育成的水果型黄瓜品种。植株生长势强，茎粗壮，叶色绿。全雌，每节着生雌花1～2个，单性结实能力强。瓜长13～15厘米，表面光滑，亮绿色，心腔小，风味清香可口。畸形瓜率低于10%，结瓜能力强。耐低温弱光能力强，未出现过叶片上卷、生长缓慢、花打顶等症状。瓜条生长速度快，商品性表现稳定，丰产性好，早春大棚栽培每667米²产量可达6000千克以上。抗霜霉病、枯萎病、病毒病，较抗白粉病。

9. 津美2号

天津科润黄瓜研究所育成的雌型系水果型黄瓜品种。植株生长势强，叶片较大，浅绿色。在8℃～10℃低温、8000勒弱光条件下能正常开花结瓜，且瓜条生长速度快。瓜长 14 厘米左右，横径 2.7 厘米左右，瓜条绿色、光滑、有光泽，皮薄，口感甜脆。单瓜重 80 克左右，每 667 米² 产量约 4 500 千克。抗霜霉病、白粉病，中抗枯萎病。

10. 荷兰迷你水果黄瓜

从荷兰进口的全雌型无刺水果黄瓜品种。节成性强，每节均可坐瓜，植株生长势旺盛，较耐低温弱光。商品瓜长 14～16 厘米，瓜圆柱形，瓜色中绿，无刺，易清洗，品质好。该品种适应能力极强，适宜我国东北、华北、西北等地区秋大棚栽培。

11. 小　脆

江苏省农业科学院育成的杂交一代水果黄瓜新品种。植株生长势较强，耐低温弱光，叶色浓绿。瓜皮绿色，瓜长 13～16 厘米，单瓜重 90～130 克，瓜面光滑，无刺瘤，心室小，肉质脆嫩，清香微甜，品质好。早熟，丰产，全雌型，每 667 米² 产量 5 000 千克左右。抗霜霉病和白粉病。

五、适宜日光温室冬春茬栽培的品种

日光温室冬春茬黄瓜，要选择耐低温弱光，具有一定的抗病能力，主蔓可连续结瓜且结回头瓜能力强，前期产量高且集中的品种。一般适合早春大棚栽培的黄瓜品种，也适于冬春茬日光温室栽培。

1. 津优 39 号

天津科润黄瓜研究所育成的黄瓜一代杂种。越冬温室专用品种，耐低温弱光能力强。叶片中等大小，叶肉厚，叶色深绿，以主蔓结瓜为主，瓜码密，单性结实能力强。瓜条顺直、商品性佳，皮色深绿、光泽度好，瓜长 32～34 厘米，单瓜重 190 克左右，瓜把短，心腔小，畸形瓜率低。抗霜霉病、白粉病及枯萎病。越冬栽培不歇秧，不早衰，生长期长，丰产稳产性好。

2. 津优 335 号

天津科润黄瓜研究所育成的黄瓜一代杂种。耐低温弱光能力强，植株生长势强，雌花节率高，连续结瓜能力强，瓜条生长速度快，瓜条商品性突出，品质好。抗枯萎病，中抗褐斑病、霜霉病和白粉病。越冬栽培不歇秧，单瓜重约 220 克，每 667 米 ^{2} 产量 20 000 千克左右。适宜我国北方地区日光温室各茬口栽培。

3. 中农 21 号

中国农业科学院蔬菜花卉研究所育成的日光温室越冬专用黄瓜品种。植株生长势强，以主蔓结瓜为主，第一雌花始于主蔓 4～6 节。早熟性好，从播种至始收 55 天左右。瓜长棒形，瓜色深绿，瘤小，白刺、密，瓜长 35 厘米左右，横径 3 厘米左右，单瓜重约 200 克，商品瓜率高。抗枯萎病、黑星病、细菌性角斑病、白粉病等病害。耐低温弱光能力强，在夜间 10℃～12℃条件下，植株能正常生长发育。适宜长季节栽培，周年生产每 667 米 ^{2} 产量达

10 000 千克以上。

4. 中农 31 号

中国农业科学院蔬菜花卉研究所育成的黄瓜一代杂种。瓜色深绿、有光泽，瓜长约 35 厘米，瓜把短，心腔小，瓜肉淡绿色，商品瓜率高。刺瘤密，白刺，瘤小，无棱。抗霜霉病、白粉病、西瓜花叶病毒病，中抗枯萎病，耐低温弱光能力突出。早熟性好，持续结瓜及丰产优势明显，每 667 米^{2}产量 10 000 千克以上。适宜我国北方地区日光温室各茬口栽培。

5. 中农 32 号

中国农业科学院蔬菜花卉研究所育成的黄瓜一代杂种。植株生长势强，瓜色深绿、稍亮，瓜长约 35 厘米，瓜粗 3.4 厘米左右，瓜把短，心腔小，瓜肉淡绿色，商品瓜率高。刺瘤密，白刺，瘤小，无棱。抗西瓜花叶病毒（WMV）、小西葫芦黄化花叶病毒（ZYMV）、马铃薯环斑病毒（PRSV），中抗黄瓜花叶病毒（CMV）、霜霉病、枯萎病、黑星病，耐低温弱光能力突出。早熟性好，持续结果及丰产优势明显，越冬温室栽培每 667 米^{2}产量 10 000 千克以上。适宜日光温室各茬口栽培。

6. 博杰 616

天津德瑞特种业有限公司育成。强雌型品种，早熟，增产潜力大，油亮型早春大棚黄瓜新品种。植株生长势稳健，叶片小，株形好。结瓜早，瓜码密，前中期产量突出，总产量特别高。瓜条顺直整齐，把短刺密，瓜色深绿油亮，平均瓜长33厘米，绿瓤，商品瓜率高。高抗霜霉病、细菌性角斑病、靶斑病，特抗枯萎病等。

7. 德瑞特721

天津德瑞特种业有限公司育成。植株生长势中等，叶片中等偏小，株形好，以主蔓结瓜为主。瓜码密，瓜条生长速度快，连续结瓜能力强，丰产性好，产量高。瓜条直、油亮，瓜长34厘米左右，刺密，瓜把短，畸形瓜少。耐低温弱光能力强，抗枯萎病能力强，中抗霜霉病、白粉病。适宜秋冬温室（接苦瓜茬）、早春温室、春大棚栽培。

8. 完美一号

山东省青岛新干线蔬菜科技研究所有限公司育成的密刺黄瓜品种。耐低温弱光，耐高温高湿，植株生长势极强，高抗病，不早衰。成瓜速度快，每667米^{2}产量可达30 000千克。瓜把短，瓜条直，无白霜，瓜长约36厘米。适于秋延后、越冬、早春保护地栽培。

六、适宜春季露地栽培的品种

适宜春季露地栽培的黄瓜品种很多，一般适宜春季大棚栽培的品种均适用。可选择苗期耐低温、瓜码密、雌花节位低、节成性好、生长势强、对环境条件适应能力强且耐病抗病的品种。常用品种有津优35号、40号、48号、401号、406号，津杂1号、2号，津春4号、5

号，中农8号、11号、12号、18号、28号等。

1. 津优40号

天津科润黄瓜研究所育成的黄瓜一代杂种。植株生长势强，叶片大，叶色深绿，以主蔓结瓜为主，成瓜性好，瓜条生长速度快。瓜条顺直，瓜色深绿、油亮，刺瘤中等，光泽度极好，瓜肉绿色，口感脆嫩，味甜。瓜长约33厘米，单瓜重约170克，瓜把短，心腔小。抗霜霉病、白粉病、枯萎病和病毒病。耐高温，在高温炎热季节（35℃以上）可以正常生长，畸形瓜率低于15%，丰产性好。适宜春秋露地栽培。

2. 津优406号

天津科润黄瓜研究所育成的黄瓜一代杂种。植株生长势较强，叶片中等大小、绿色，以主蔓结瓜为主，持续结瓜能力强。瓜条长35厘米左右，瓜把约为瓜长的1/8。瓜色亮绿、有光泽，刺密，无棱，少纹，口感脆甜，商品瓜率高，丰产稳产性好，每667米^{2}产量高达6000千克以上。抗霜霉病、白粉病、枯萎病、病毒病等病害，耐热性好。适合秋大棚及露地栽培。

3. 津春4号

天津市农业科学院黄瓜研究所育成。植株生长势强，分枝多，叶片较大而厚、深绿色。第一雌花着生于主蔓4~5节，以主蔓结瓜为主，侧蔓亦能结瓜，且有回头瓜。瓜条棍棒形，瓜色深绿、有光泽，白刺，棱瘤明显，心室小于瓜横径的1/2，肉厚、质脆、致密、清香，商品性好。早熟，全生育期约 80 天，从播种至始收 50 天左右。瓜长 30～40 厘米，单瓜重 200 克左右，丰产性好，每 667 米^{2}产量达 5 000 千克。

4. 津春 5 号

天津市农业科学院黄瓜研究所育成。植株生长势强，有分枝，主、侧蔓结瓜能力强。春露地栽培，第一雌花着生在 5 节左右；秋季栽培，第一雌花着生在 7 节左右。瓜条长棍棒形，单瓜重 200～250 克。瓜皮深绿色，刺瘤中等，心室小，口感脆嫩，商品性好，品质佳。早熟性好，每 667 米^{2}产量达 4 000～5 000 千克。抗霜霉病、白粉病、枯萎病。

5. 中农 8 号

中国农业科学院蔬菜花卉研究所育成的一代杂种。植株生长势强，株高 220 厘米以上，叶色深绿，分枝较多，主、侧蔓结瓜，第一雌花着生在主蔓 4～6 节，以后每隔 3～5 节出现一雌花。瓜长 25～30 厘米，瓜色深绿均匀一致、富有光泽，瓜面无黄色条纹，瓜把短，心腔小，瘤小，刺密，白刺，质脆味甜，无苦味，品质佳。

6. 中农 11 号

中国农业科学院蔬菜花卉研究所育成的一代杂种。植株生长势强，以主蔓结瓜为主，第一雌花始于主蔓 3～5 节，每隔 3～4 片叶出现一雌花，回头瓜多，耐低温性强。瓜长棒形，瓜色深绿、有光泽，花纹轻，刺密，白刺，瓜条顺直，商品性好。高抗黑星病、枯萎病，抗疫病，耐霜霉病。每667米^{2}产量5000～8000千克。

七、适宜秋季露地栽培的品种

秋季露地栽培黄瓜宜选用耐热、抗病、优质、生长势强、主侧蔓同时结瓜的品种，如津优40号、津优48号、津春4号、津春5号、中农28号、夏丰1号、夏青2号、津研7号、唐秋208等。

1. 夏丰1号

辽宁省大连市农业科学研究院选育而成。植株生长势强，一般不分枝，叶深绿色，第一雌花着生在4～5节，雌花节率31.3%～44.1%，早春播种有时出现两性花。瓜条长棒形，单瓜重180～270克，瓜皮深绿色、无棱、无瘤、白色刺密集，无杂色花斑及黄条，瓜肉黄绿色、脆甜，品质佳。早熟，辽宁等地夏秋播种38天始收，播种至收获结束120～150天。每667米^{2}产量3800～4500千克，最高达9000千克。不耐寒，较耐热，耐涝，抗霜霉病、白粉病，较抗枯萎病。

2. 夏青2号

广东省农业科学院经济作物研究所育成。植株生长势强，分枝少，以主蔓结瓜为主。瓜条圆筒形，头尾匀称，瓜长约20厘米，翠绿色、有光泽，刺瘤稀不明显，单瓜重200克左右，品质优良，质脆味好。前期产量高，采收延续期25～30天，全生育期约60天。抗霜霉病和炭疽病。

3. 津研7号

天津市农业科学院蔬菜（黄瓜）研究所育成。植株生长势强，叶片大、深绿色，侧蔓3～5条，侧蔓结瓜能力强，第一雌花着生在7～8节。瓜条长棒形，瓜长约38厘米，横径约4厘米，单瓜重300克左右。瓜把长约5厘米，瓜皮绿色，刺瘤稀，白刺，无棱，瓜条顶部有10条黄色条纹，肉质脆，品质中等。晚熟，耐热性好，在35℃以上高温条件下能正常生长，同时也较耐涝。每667米^{2}产量5000千克以上。抗霜霉病、白粉病、枯萎病，但不宜在黄瓜疫病重的地块栽培。

第三章
黄瓜育苗

黄瓜的前期产量与雌花形成的早晚有关，而育苗的环境条件、秧苗的生长状况及生理状况，直接影响着雌花的形成和雌花的质量，进而影响果实的发育，所以培育壮苗是实现黄瓜优质高产的基础。

利用保护设施，人为地控制苗期生长发育环境条件，在低温严寒季节或高温高湿季节培育出健壮秧苗，可实现适期定植，显著提高产量和经济效益。同时，育苗在小面积苗床上集中进行，便于苗期管理，缩短了在生产田的占地时间，提高了土地利用率，还节省了种子用量。

一、常规育苗技术

1. 育苗设施

早春茬大棚黄瓜、早春日光温室黄瓜、春季露地黄瓜一般在冬春季节育苗，需要防寒保温设施；秋茬大棚黄瓜、秋季露地黄瓜、冬春茬日光温室黄瓜在夏秋季育苗，需要防雨降温设施。

（1）**温室育苗**　主要在寒冷冬季或早春为早春大棚黄瓜栽培育苗。

（2）**温床育苗**　温床育苗是利用太阳能、酿热物或电热线加温进行育苗，可培育大龄苗，为春大棚春露地、早春温室栽培供苗。

（3）**温室和拱棚配套育苗**　在温室内播种培育小苗，将小苗移栽到塑料拱棚内培育成苗。温室内的优良条件可保证幼苗出土发芽，塑料拱棚内的环境条件利于培育壮苗。

（4）**大棚育苗**　利用塑料薄膜遮雨，另覆盖遮阳网遮阴，既可防止大雨冲击秧苗，又可降低苗床温度和光照强度，避免病毒病等病害的发生流行，以培育壮苗。

2. 苗床准备

（1）**营养土配制**　营养土是人工配制和混合好的肥沃土壤。育苗营养土要求没有病原菌和害虫，营养丰富，酸碱度适中，pH 值在 6.5 左右，疏松适度，透气性和保水性适中。

营养土通常主要由下列原料配制而成：①土。3～4年没有种植过瓜类蔬菜的大田土。②有机肥。提供完全且比较持久的养分，同时起到疏松土壤的作用，如完全腐熟的鸡粪、马粪、猪粪等。③填充物。调节土壤的疏松程度，增加透气性。如草炭土、珍珠岩、沙子、炉灰等。④速效肥。保证养分的快速供给，包括各类氮肥、磷肥、钾肥等化学肥料。

营养土配方较多，一般采用大田土40%左右、有机肥40%左右、填充物20%左右。填充物的使用量可根据土壤的黏重程度而定。速效肥按每立方米营养土加入磷酸二氢钾300克、尿素500克、硫酸钾和草木灰各0.5～1千克或草木灰5～10千克。将各种原料混匀后过筛去掉颗粒物，即成营养土。

（2）**营养土消毒**　营养土消毒可采用以下2种方法。

①土壤拌药消毒　用50%多菌灵可湿性粉剂500倍液（每立方米营养土用药量25～30毫升），或40%甲醛100倍液（每立方米营养土用药量150～200毫升）喷洒营养土，拌匀后堆成堆，用塑料薄膜覆盖闷2～3天，然后揭开薄膜，摊晾7～14天，待土壤中的药味散尽即可用于育苗。

②高温发酵消毒　秋季大棚黄瓜栽培育苗，可在高温季节将营养土堆积呈馒头形，然后在外面抹一层泥浆，顶部留一个口，从开口处倒入人、畜粪，使堆内土壤充分湿润，用塑料薄膜覆盖闷10天以上进行高温发酵，扒开晾晒后即可使用。该方法不但能杀死病原菌、虫卵、草籽，还能使有机肥充分腐熟。

③苗床电热线铺设　冬季育苗时，为了培育壮苗，加快育苗速度，宜选用电加温苗床。营养钵育苗时挖深

20 厘米的低畦，穴盘育苗时挖深 6 厘米的低畦，在畦的两端按 12.5 厘米布线间距插小竹签，往返布线，电热线布好后覆盖 2 厘米厚的营养土，然后在上面摆放育苗容器。

3. 育苗方式

黄瓜应采用护根育苗方法。护根育苗就是在育苗的过程中采取一定的措施，保护黄瓜幼苗根系在分苗或移栽时不受伤害，避免病原菌的侵染，利于定植后快速缓苗。护根育苗的方式主要有以下两种。

（1）**营养钵育苗** 营养钵育苗是目前生产中常用的育苗方式。营养钵采用聚乙烯塑料压制而成，上口大，底部小，底部有排水孔，如小花盆状。常用营养钵规格有 10 厘米 × 10 厘米和 10 厘米 × 8 厘米两种。装营养土时，先将营养土装至与营养钵的上口齐平，蹾实后距上口沿 2 厘米。育苗前先整育苗低畦，畦宽 1.5 米、深 20 厘米，长度依据温室或大棚的空间而定。将装好营养土的营养钵紧挨整齐地摆放在低畦中，每行摆放 20 个营养钵，然后沿营养钵间的空隙灌水，将营养钵中的营养土洇湿，再进行播种育苗。

（2）**穴盘育苗** 穴盘育苗是将穴盘作为育苗容器，播种时一穴一粒，一次性成苗的育苗方式。穴盘育苗突出的优点是根坨不易散，定植后缓苗快且成活率高。同时，育苗成苗率高，育成苗适合远距离运输。在配制营养土时应适当增加大田土的比例，以防取苗时散坨。

育苗可选用72孔穴盘，其穴孔形状为方形，若用1 000个穴盘，应备用基质4.65米³。营养土先装至与穴盘的上口齐平，蹾实后距上口沿1.5厘米。将装好营养土的穴盘摆放到育苗场所，用水洇透后备用。

对于多次使用的育苗容器（营养钵、育苗盘等），为了防止其带菌传病，在育苗前应当进行消毒处理，可以用0.1%高锰酸钾溶液喷淋消毒。

4. 种子处理

（1）**用种量** 黄瓜种子千粒重为25克左右，按每667米²栽植4 000株计算，育苗时约需种子100克。考虑到种子质量和其他因素影响造成死苗现象，为确保壮苗足数定植，常规育苗一般按每667米²栽培面积需准备种子150～200克。黄瓜种子的优劣直接关系到黄瓜苗的质量和成苗率，因而生产中一定要保证种子的纯正和质量，应从正规渠道购种。

（2）**种子选择** ①首先要保证选择品种对路的种子。所选品种不但要适合本茬口栽培，而且要适合本地区栽培。如果引种本地区没有种过的品种，一定要小面积试种，表现好后再大面积推广。同时，还要注意当地消费习惯对品种的要求。②播种前应测验种子的发芽势和发芽率。从购买的种子中随机取50粒种子，在30℃左右的温水中浸泡4～5个小时，将种子平摊于两块用水浸透的砖块中间，置于25℃条件下，每隔2天给砖块补充1次水分，3天后观察种子发芽情况。简单的发芽势计算是黄瓜催芽 3 天内的种子发芽百分数。发芽势强的种子出苗迅速、整齐。发芽率是指催芽 7 天内种子的发芽百分数。发芽率 90% 以上的种子符合播种要求。

（3）**种子消毒** 黄瓜种子常常带有多种病原菌，如果播种带病菌的种子，很有可能导致幼苗期或成株期发生病害。所以，播种前对种子进行消毒处理十分必要。种子消毒主要采用以下两种方法。

①温汤浸种 先将选好的种子放入 55℃～60℃ 的温水中烫种 15 分钟。热水量的体积是种子量的 10 倍左右，种子放入后要不停地搅拌，当水温下降时再补充热水，使水温始终保持在 55℃ 以上（浸种时可以在容器内放置一个温度计随时观察水温状况），15 分钟后在容器中添加凉水，使水温保持在 30℃，继续浸泡 4～6 个小时，确保种子吸足水分。然后将种子反复搓洗，用清水冲掉种子表面的黏液，沥干水分后进行催芽。温汤浸种可预防苗期或成株期黑星病、炭疽病、病毒病、菌核病等病害的发生。

②药剂浸种 将种子放入清水中浸泡 2～3 个小时，再把种子放入 40% 甲醛 100 倍液，或高锰酸钾 800 倍液中浸泡 20～25 分钟，最后用清水清洗干净进行催芽。该方法可预防黄瓜枯萎病和黑星病的发生。

（4）**种子催芽** 将浸泡过的种子，用潮湿的毛巾包裹好放在 25℃ 左右的黑暗环境中，处理 1～2 天，种子即可萌动发芽，待种子露白或胚根 3 毫米长时即可播种。

如果用专用的恒温箱处理种子效果更好。在催芽过程中注意每天要用温水淘洗种子，去除种子表面的黏液。

为了提高幼苗的抗逆性，使幼苗壮实、耐旱抗寒，可进行变温催芽。方法是先将浸泡过的种子在25℃左右的黑暗环境中处理8～10个小时，待种子微微张口时将萌动种子放在–9℃～–4℃的冷冻环境中处理2～3小时，然后用凉水冲洗干净，平摊风干6～8个小时，再在25℃条件下催芽。

5. 适时播种

（1）确定播种期　保护地反季节栽培黄瓜受品种、栽培茬口、栽培设施、天气、市场需求等多种因素的影响，因而确定保护地黄瓜适宜的播种期是一个较为复杂的问题。总的原则是在温度、光照等基本条件能满足黄瓜生长的前提下，尽可能使黄瓜的采收高峰期和市场需求相吻合，以保证黄瓜周年供应，取得较高的经济效益。如果播种期不适宜，即使产量高，经济效益也不一定高，只有播种期适宜，才能达到高产高效的目的。

生产中应参考市场信息，把盛瓜期安排在市场上黄瓜价位高且畅销的时期。一般黄瓜品种从开始收获商品瓜至进入盛瓜期需15～20天，从定植至采收商品瓜需40～55天，从播种至定植需17～25天。所以，播种期应确定在黄瓜畅销期前的70～100天，也就是说，春茬大棚黄瓜应在畅销期前的100天播种育苗，秋茬大棚黄瓜应在畅销期前的70天播种育苗。但在确定播种期时还要考虑品种的熟期，中熟品种比早熟品种提前 10 天播种，晚熟品种比早熟品种提前 20 天播种。如果是采用嫁接育苗，靠接法嫁接时，嫁接用的南瓜砧木的播种日期比黄瓜的播种日期要延后 5～7 天；插接法嫁接时，南瓜的播种日期应比黄瓜的播种日期提前 4～5 天。

根据华北地区的气候和市场行情，冬春季穴盘育苗主要为早春保护地黄瓜栽培供苗，播种期以 12 月中旬至翌年 1 月中旬为宜，夏季穴盘育苗是为秋大棚黄瓜栽培供苗，播种期以 7 月初至 7 月中旬为宜。

（2）播种方式

①营养钵育苗　将营养钵装上营养土后浇透水，把经过催芽的种子一粒一粒平着摆放在营养钵的中央，每个营养钵放 1 粒种子，胚根所处的位置位于营养钵的中心，然后轻轻按一下种子，使种子与营养土紧密接触。播种后轻轻覆盖一层过筛的潮湿营养土，并用小木板将土推平，再轻压一下，保证覆土厚度为 1～1.5 厘米。为了提早出苗，冬春季节可在营养钵下面铺设电热线，上面覆盖地膜，待幼芽顶土时应把膜撤掉。

②穴盘育苗　在育苗穴盘内装上营养土，整平后浇透水，把已催芽的种子均匀地平放在穴盘的中央，上面覆盖 1 厘米厚的细沙。冬春季节育苗播种后最好把育苗盘摆在电热线上，穴盘上覆盖地膜，以便保温。夏季则可以放在遮阳棚或遮阳网下，并注意保持营养土的湿润。播种 1 天后、陆续出苗时，立即去掉地膜。

6. 幼苗出土后应注意的问题

（1）防止戴帽出土 黄瓜苗出土后子叶上的种皮不脱落，俗称"戴帽"。幼苗前期光合作用主要是由子叶来进行的，幼苗"戴帽"子叶被种皮夹住不能张开，影响光合作用，造成幼苗生长不良，形成弱苗。幼苗出土"戴帽"是由多种原因造成的，如盖土干燥，致使种皮变干；播种太浅或覆土太薄，造成土壤挤压力不够；营养土温度偏低，出苗时间延长；幼苗顶土后过早揭掉地膜，致使种皮在脱落前已经变干等。为了防止黄瓜苗"戴帽"出土，生产中应注意确保营养土细、松，播种前要浇足底水，覆土需用潮土，厚度要适宜。覆土加盖地膜保湿，使种子从发芽到出土期间保持湿润状态。幼苗刚出土时，在当天的上午10时左右揭去地膜，如果床土过干要立即用喷壶喷水。一旦发现"戴帽"苗要立即进行人工摘除。

（2）防止黄瓜苗徒长 子叶出土到真叶平展是管理的关键时期，此期黄瓜幼苗下胚轴容易徒长，尤其是夏季育苗更易出现这种现象。当有80%左右的种子破土出苗后，要适当降低温度，白天温度保持20℃～25℃、夜间12℃～16℃，同时增加光照，使子叶尽快绿化，以免高温弱光造成小苗徒长，形成高脚苗。黄瓜花芽分化早，第一片真叶展开之前已开始花芽分化，如果幼苗徒长，一方面会延迟雌花的形成，另一方面会形成弱苗，而且容易导致猝倒病的发生和蔓延。

7. 苗期管理

（1）**温度管理** 从幼苗子叶平展到定植前7～10天期间，白天温度保持20℃～25℃、夜间13℃～15℃，有利于培育壮苗，并且有利于雌花分化，降低雌花节位。在定植前7～10天，可适度进行低温锻炼，白天温度降至15℃～20℃、夜间10℃～12℃，以提高秧苗的适应能力和移栽成活率。

由于不同季节外界环境条件的限制，黄瓜育苗期间难以达到最适温度。因此，生产中应当采取有效措施，使育苗温度不要超出黄瓜幼苗所能承受的极限温度。冬季育苗时可以通过铺电热线、大棚内增加小拱棚、大棚外加盖草苫等措施使苗床夜温不要低于10℃，3～5小时的短时间内不低于8℃；夏季则可通过覆盖遮阳网等方法，使最高温度控制在35℃以内，短时间温度不要超过40℃。

（2）**光照管理** 冬季育苗处在低温、短日照、弱光时期，光照不足是培育壮苗的限制因素。为了增加光照，需经常保持覆盖物的清洁，草苫要早揭晚盖，日照时数控制在8小时左右。在满足温度条件下，最好是在早晨8时左右揭开草苫，下午5时左右盖上草苫保温。阴天和连续阴雨天也要正常揭盖草苫，尽量增加光照的时间。在光照充足的条件下，幼苗生长健壮，茎节粗短，叶片厚，叶色深、有光泽，雌花节位低且数量多。如果光照不足，幼苗体内的有机养分只是消耗而没有积累，会使幼苗黄化徒长，甚至死亡。夏季育苗时，高温、强光是培育壮苗的限制因素，要通过覆盖遮阳网降低光照强度。如果光照太强，不利于叶片光合作用，表现为下胚轴细、高，叶片黄化且瘦薄。

（3）**水分管理**　黄瓜育苗时，一般在播种前浇足底水，苗期尽可能不浇水，以保墒为主。当大部分幼芽拱土后，要注意用土封表土裂缝，以利保墒。方法是选晴天的上午覆盖干细土，厚度为0.3厘米左右。在幼苗生长期间，营养土要保持见干见湿，如果表土干燥，可用喷壶洒水2～3次。

（4）**施肥**　配制营养土时施入的肥料充足，整个苗期则不用施肥。如果发现幼苗叶片颜色淡黄，出现缺肥症状，可喷施少许磷酸二氢钾500倍液。在育苗过程中，切忌苗期过量追施氮肥，以免引起幼苗徒长。

8. 壮苗标准

黄瓜栽培一般用中龄苗定植，壮苗标准为：幼苗2～4片真叶1心，叶片较大，叶色深绿，子叶健全、厚实肥大。株高13厘米左右，下胚轴高度不超过6厘米，茎粗5～6毫米。根系发达，根系将基质紧紧缠绕，秧苗从穴盘拔起时不会出现散坨现象。没有病虫害，叶片完整，无病斑。

如果幼苗株高超过17厘米，茎粗小于5毫米，节间长，叶片薄而色淡，则为典型的徒长苗。

9. 育苗期病虫害防治

黄瓜育苗期主要病害有猝倒病、立枯病、早疫病、白粉病、病毒病等，害虫主要有蚜虫、白粉虱等。

（1）病害防治　育苗期病害主要以预防为主，播种前进行营养土和种子消毒处理，苗期控制浇水，降低空气湿度，预防病害发生。一旦发现病株，应及时拔除销毁或深埋，并用95%敌磺钠可湿性粉剂1 000倍液，或50%多菌灵可湿性粉剂800倍液，每隔7～10天喷洒1次，连喷2～3次。夏季育苗时如果空气干燥、土壤湿度小，易发生白粉病，可用0.1%～0.2%碳酸氢钠溶液喷雾，隔5天喷1次，共喷3次。病毒病主要在夏季发生，生产中应注意采取遮阴降温、保持土壤湿润、防止蚜虫迁入传播等措施进行预防。

（2）虫害防治　防治蚜虫可喷施氯氟氰菊酯、阿维菌素等杀虫剂，防治白粉虱喷施噻嗪酮、溴氰菊酯等杀虫剂。此外，在育苗场所还可采用黄板诱杀。具体防治方法参照第七章病虫害防治相关内容。

二、嫁接育苗技术

黄瓜嫁接育苗技术在国内外已应用30年左右，在我国蔬菜主产区已大面积推广，尤其是保护地黄瓜连年重茬种植，采用嫁接育苗显得尤为必要。保护地黄瓜重茬种植病害逐渐积累，虫害逐年上升，嫁接苗可防止根部病害发生，尤其可避免枯萎病等土传病害的发生，减少农药的施用量，减轻了污染，克服了重茬障碍。同时，砧木根系发达，吸水吸肥能力强，植株生长速度加快，增产幅度大，嫁接黄瓜比自根黄瓜可增产 30%～50%；而且嫁接黄瓜的植株抗逆性强，根系的耐寒、耐热、抗病能力大幅度提高，如用黑籽南瓜嫁接，当 10 厘米地温下降至 8℃左右时，嫁接苗仍能保持较强的生长势，而自根黄瓜植株则停止生长。

1. 主要砧木品种

（1）**黑籽南瓜**　与黄瓜嫁接亲和力强，嫁接成活率一般在 90% 以上，高的可达 100%。黑籽南瓜根系强大，耐低温、耐不良土壤环境的能力强，抗枯萎病能力强，丰产性好，千粒重 250 克左右，是早春茬黄瓜嫁接栽培的优良砧木。缺点是种子发芽率低，嫁接黄瓜果实口感有异味，表面挂白霜。

（2）**中原强生**　与黄瓜嫁接共生亲和性强，嫁接成活率高。高抗枯萎病和根腐病，同时也耐根结线虫。植株生长势稳健，后期不早衰，结瓜率高而稳定，耐低温，耐湿，耐瘠薄。嫁接黄瓜品质风味不受影响，瓜条顺直，商品瓜不带白霜，颜色更加鲜亮，商品性好。采收期长，产量较黑籽南瓜高 20%～30%。

（3）**中原冬生**　根系发达，直根系。种子小，千粒重 70 克左右。秧苗下胚轴粗壮，吸肥力强，枝叶不易徒长，下胚轴粗壮不易空心，有利于嫁接操作。嫁接亲和力好、成活率高，抗枯萎病和根腐病。生长势稳健，后期不早衰，结果率高而稳定，耐低温。嫁接黄瓜品质风味不受影响，颜色更加油亮，瓜条顺直，商品性好。

（4）ZS-18 号　胚轴实心，亲和力好，嫁接成活率高。根系发达，抗寒耐热、耐弱光，植株生长健壮，高抗枯萎病等土传病害。植株不早衰，瓜条油亮，增产幅度 30% 以上。种子千粒重 100 克左右。

（5）京欣砧 6 号　南瓜杂交种。嫁接亲和力好，共生亲和力强，成活率高，嫁接结合面致密，耐低温弱光，抗枯萎病，有促进黄瓜生长、增强其抗病能力和提高产量的效果。嫁接后瓜条亮绿无蜡粉，可明显提高黄瓜商品品质。适宜早春茬保护地黄瓜嫁接栽培。

（6）北农亮砧　粒小，与黄瓜嫁接亲和力强，吸水吸肥能力强，植株生长旺盛，抗逆性和抗病性强。在温度较高的栽培环境条件下，嫁接黄瓜表皮脱蜡粉能力强，瓜皮色泽鲜亮，可提高黄瓜的商品性。嫁接黄瓜口感好，维生素 C 含量高。适宜晚秋茬保护地黄瓜嫁接栽培。

（7）固本　出芽整齐，根系生长势旺，根团庞大，亲和力好，下胚轴空心小、紧实，吸水吸肥能力强，植株耐低温，抗高温，抗枯萎病等土传病害。嫁接黄瓜瓜条顺直，皮色油绿，品质好，高产高效。

（8）博强 2 号　根系发达，抗黄瓜土传病害能力强，同黑籽南瓜嫁接相比嫁接后黄瓜死秧明显减少，黄瓜色泽油亮，商品价值显著提高。

（9）台丈夫　发苗稳健，髓腔紧实，亲和力强，适于各种嫁接方法。嫁接苗不易徒长，瓜条更顺直，光泽亮丽，口感好。根系发达，较抗黄瓜根结线虫病、根腐病和猝倒病，对枯萎病等土传病害抗性极强，并增强了植株对叶斑病、褐斑病、霜霉病、白粉病和疫病的抗性。耐低温弱光，抗高温，可避免植株早衰减产。可彻底消除嫁接黄瓜果实表面蜡粉层，使瓜条直顺油绿，提高商品性。适合北方各茬口黄瓜嫁接栽培。

（10）日本优清台木　与黄瓜亲和力极强，嫁接后成活率高，不易徒长，后期不早衰。瓜条膨大快，黄瓜的光泽度明显增高，油光发亮，商品性好。根系发达，耐寒耐热，产量提高显著，抗病性能强，口味不变。

（11）日本嘉辉台木　生长势强，具有耐低温和抗高温的特性，且生命力持久。亲和力极强，嫁接苗不易徒长，胚轴粗细中等，空洞少，嫁接成活率高。嫁接后瓜条顺直，光泽亮丽，口感更强。根系发达，抗性强，尤其对枯萎病等土传病害抗性更强。适合北方早春、夏秋茬黄瓜嫁接栽培。

（12）新土佐　笋瓜与中国南瓜的种间杂交种。生长势、吸肥力、嫁接亲和力均很强，耐热，耐湿，耐旱，低温生长性强，抗枯萎病等土传病害。适应性广，苗期生长快，育苗期短，胚轴特别粗壮。

2. 嫁接方法

黄瓜嫁接育苗主要采用靠接法和插接法。

（1）靠接法 也称舌接法。砧木和黄瓜接穗要错期播种，先播黄瓜，后播南瓜。黄瓜在苗床上播种密度可适当稀一些，种距以 3 厘米为宜，利于黄瓜苗下胚轴粗壮。黄瓜播种 2～4 天后、有 1/3 开始顶土时，对南瓜种子进行浸种处理。南瓜和黄瓜一般都播在苗床上，南瓜播种的密度应较大些，以使南瓜苗下胚轴较细，这样可使两种苗的下胚轴粗度相近，易于嫁接操作，且嫁接成活率高。

当南瓜苗第一片真叶半展开、黄瓜苗 1 叶 1 心时，即黄瓜播种后 12 天左右为嫁接适期。嫁接前 1 天，将砧木苗和接穗苗浇透水，并用 75% 百菌清可湿性粉剂 800 倍液均匀喷雾，将幼苗冲洗干净，预防病害的发生。嫁接前准备好工作台、锋利刀片、小竹签、塑料嫁接夹等嫁接工具。小竹签是一根长 5～6 厘米的竹签，可选用质地较硬的竹青部分，在竹签尖端 0.5 厘米处削成楔形，顶端齐头、宽约 3 毫米，相当于黄瓜的茎粗。竹签的顶端必须平整光滑，以利于嫁接苗成活。

嫁接在遮阴条件下进行。嫁接时，先从苗床中拔出砧木苗和接穗苗，拿起砧木苗用竹签轻轻除去生长点，用刀片在砧木苗下胚轴的一侧子叶下 0.5～1 厘米处，自上向下呈 45° 角下刀，刀面与两片子叶伸展方向平行，斜切的深度为茎粗的一半，最深不能超过茎粗的 2/3，切后轻轻握于左手。再取黄瓜苗在子叶下 1～2 厘米处自下向上呈 45°角下刀，刀面与两片子叶伸展方向垂直，向上斜切下胚轴的一半深，长度与砧木切的长度相当。将砧木和接穗的切口相嵌，接口吻合，嵌合后黄瓜子叶高于南瓜子叶，呈"十"字形。然后用专用嫁接夹从接穗一侧夹住靠接部位。

靠接好后，立即把嫁接苗栽到营养钵内。栽植时，为了便于以后去掉接穗根系，注意将接穗与砧木的根分开一定的距离。嫁接口与栽植土面保持 2～4 厘米的距离，避免土壤污染接口以及接穗与土壤接触发生不定根。栽植后浇足水，放入带有小拱棚的苗床上培育。

（2）**插接法**　砧木和黄瓜接穗要错期播种，先播南瓜，后播黄瓜。黄瓜播种在育苗平盘上，播种密度可适当密一些。南瓜可直接播种在营养钵中，南瓜播种 3～4 天后，开始对黄瓜种子进行浸种处理。

在黄瓜播种后 7～8 天时，黄瓜苗子叶展平、砧木苗第一片真叶 5 分硬币大小时为嫁接适期。嫁接前 2 天，苗床喷施 75% 百菌清可湿性粉剂 800 倍液，预防病害。嫁接前 1 天，砧木苗和接穗苗均要浇足水，以提高嫁接后秧苗成活速度。嫁接时间根据天气情况灵活掌握，阴天可全天嫁接，晴天时最好在上午进行。

嫁接时，先用刀片把砧木苗的真叶和生长点清除干净，防止以后子叶叶腋中再发出新的真叶，但注意不能伤及子叶。然后用右手捏住竹签，把竹签削面朝下，左手拇指和食指捏住砧木苗下胚轴，使竹签的先端紧贴砧木一片子叶基部的内侧，向另一片子叶的下方斜插（沿砧木右边子叶向左边子叶斜插），插的深度一般为 0.5～0.6 厘米。插入竹签时注意不要插得过深（过深会插入砧木下胚轴中央的空腔），防止插穿砧木的表皮。再将接穗沿没有子叶的一面、在距子叶 1 厘米处朝下用刀片削成长 0.5 厘米、倾斜 40° 的斜面，对面也要用刀片垂直向下削去表皮。接穗削好后，拔出插入砧木的竹签，快速将接穗斜面朝下插入砧木，深度一定要和砧木上的插孔吻合，使接穗子叶和砧木子叶呈 "十" 字形交叉。从削接穗到插接穗的整个过程，均要做到稳、准、快。

嫁接后立即浇足水，放入苗床，加盖小拱棚，使棚内空气相对湿度达到 85% 以上，并在棚上覆盖草苫或遮阳网进行遮阴。

3. 嫁接苗管理

嫁接苗成活率高低与嫁接后管理技术有着非常重要的关系，常言说 "三分接，七分管"。黄瓜嫁接苗管理的关键技术是为嫁接苗创造适宜的温度、湿度、光照及通气条件，以加速接口愈合和幼苗生长。

（1）保温 嫁接苗伤口愈合的适宜温度为 25℃ 左右，一般嫁接后 3～5 天，白天温度保持在 24℃～26℃，不超过 27℃；夜间温度保持在 18℃～20℃，不低于15℃。3～5 天以后开始通风，并逐渐降低温度，白天温度降至 22℃～24℃，夜间温度降至 12℃～15℃，防止嫁接苗徒长。

（2）**保湿**　如果嫁接苗床的空气湿度小，接穗易凋萎而降低嫁接苗成活率，因此保持较高湿度是嫁接成败的关键。嫁接后 3～5 天内，可在小拱棚地面洒水，使棚内空气相对湿度控制在 85%～95%，但营养钵内土壤湿度不能过高，以免烂苗。

（3）**遮光**　刚嫁接后的 1～2 天，在小拱棚外覆盖草苫或遮阳网，避免阳光直接照射秧苗而引起接穗萎蔫，同时在夜间还起保温作用。2～3 天后，可在早晚揭除草苫以接受弱的散射光，中午前后覆盖草苫遮光。3～5 天后逐渐增加见光时间，1 周后完全不再遮光。

（4）**通风**　刚嫁接后不能通风，以保持较高的湿度。3～5 天后，嫁接苗开始生长时进行通风。开始时通风口要小，以后逐渐增大，通风时间也随之逐渐延长，一般 9～10 天后即可进行大通风。开始通风后，要注意观察苗情，发现秧苗萎蔫，应及时遮阴并喷水，同时停止通风，避免因通风过急或时间过长而造成嫁接苗萎蔫。

（5）**断根及去腋芽**　用靠接法嫁接的黄瓜苗，在嫁接苗栽植 10～11 天后给接穗断根，用刀片割断嫁接口以下的接穗幼茎即可。嫁接苗栽植 1 周后，砧木被切除的生长点处会有不定腋芽的萌发，应及时除去，否则将影响接穗的养分与水分供应。去腋芽应在嫁接后 1 周进行，每 2～3 天进行 1 次。

第四章
黄瓜露地栽培模式

一、春季露地黄瓜栽培技术

1. 生产特点

春季露地栽培黄瓜，采用保护地育苗，天气转暖后定植于露地，全生育期气候比较适宜，产量较高，是黄瓜栽培的主要模式之一。苗期外界条件不利，通过人工创造良好的条件培育适龄壮苗，是栽培成功的关键技术。定植时田间外界气温尚低应采取相应措施促使尽快缓苗，进入结瓜期应加强肥水管理，生育中后期外界气温上升应加强病虫害防治。春季露地栽培黄瓜，主要用于鲜食和盐渍。

2. 整地定植

（1）**整地** 当年春季土壤解冻后、定植苗前 10～15

天，深翻土壤并施足基肥。一般每 667 米² 施优质熟圈肥 5 000 千克、饼肥 100 千克、三元复合肥 40 千克或过磷酸钙 40~50 千克，耙平地面，挖灌水渠和排水沟。做垄宽 80~90 厘米、沟宽 50~60 厘米、高 15~20 厘米的半高畦，在垄畦中央位置开 10~15 厘米的沟，每662 米² 施腐熟饼肥 200~300 千克，施肥后盖土做垄畦。垄畦做好后，用 1 米宽的黑色地膜覆盖。

（2）**定植日期** 春季露地黄瓜要在幼苗不遭冻害的前提下尽可能早定植，以利于实现高产优质高效的生产目标、在有霜的地区，必须在当地终霜后、10 厘米地温稳定在 12℃ 以上，最好是 15℃ 以上时定植。生产中还需要依据当地的历史资料及实践经验，按当时的天气预报及具体的生产条件选定适宜的定植日期。若要提早定植，必须有临时覆盖等防寒措施，以防发生冻害。

（3）**定植密度** 定植密度应依据品种生长势强弱、土地肥瘦及生产期长短等因素而定，一般每 667² 米定植3 000~4 000 株，每畦定植 2 行，株距 23~25 厘米。以主蔓结瓜为主的早熟品种密度应大些；主、侧蔓均能结瓜的品种，生育期也较长，则密度应较小。

（4）**定植方法** 按株距栽苗后覆土，保持畦面平整，并随即浇足定苗水。定植深度，以保持幼苗土坨与畦面相平为宜。定植 4~5 天后，秧苗长出新根、生长点有新叶长出，表明已经缓苗，应浇 1 次缓苗水，如土壤很湿可不浇或晚浇。此时正处于早春，地温低，浇水量不要太大，以免降低地温而导致沤根。

3. 田间管理

（1）**定植初期管理** 从定植到根瓜坐住之前，应少浇水，只改善根部生长环境，促进根系发育，达到根深秧壮，花芽大量分化。但蹲苗要适当，可随时根据秧苗长相判断是否浇水。待根瓜坐住，瓜条明显见长时，及时浇 1 次水或稀粪水，以促进根瓜和瓜秧生长。同时，黄瓜定植后，应尽早支架。搭架采用 2 米长竹竿，每株1 根，扎"人"字形架。

（2）**整枝绑蔓** 春季露地黄瓜的整枝方法是，根瓜以下的分枝及卷须及时清除，根瓜以上的分枝见瓜后留1 ～ 2 片叶打侧顶，卷须及多余的雄花也及时清除。当主蔓生长到架顶，一般为 20～25 片叶时，打掉主蔓顶，以后任其自由生长至拉秧。主蔓下部出现老化黄叶时也需及时摘除。结合整枝进行绑蔓，黄瓜在抽蔓期开始迅速生长，株高 25～30 厘米时开始绑蔓，以后每生长3～4 片叶就结合整枝绑 1 次蔓。绑蔓时，要把龙头摆在同一水平上，以确保生长整齐，叶片受光均匀。

（3）**肥水管理** 黄瓜露地栽培时土壤水分蒸发量大，叶片蒸腾量也大，消耗水分多，生产中要根据季节、天气、土壤保水供水能力和黄瓜不同生育期而确定浇水量和次数。总体原则是前期少浇，中后期多浇，结瓜之前少浇，结瓜盛期多浇。浇水应结合追肥进行，前期以追施有机肥为主，中后期以施化肥为主，只有肥水充足才能取得高产。

根瓜收获时开始加大供水量，一般每 5～7 天浇 1 次水，进入结瓜盛期需每 3～5 天浇 1 次水，结瓜后期要适当减少浇水量。追肥一般是追氮素化肥，可结合浇水冲施，每次每 667 米² 追施硫铵 10～15 千克，或尿素 5～10 千克，一般是浇一次清水，再浇一次加肥水。

（4）**其他管理** 及时清除杂草，雨多时及时排水，注意病虫害预测预报和防治等管理工作。

二、夏秋季露地黄瓜栽培技术

1. 生产特点

夏秋季黄瓜生育期短，一般只有 50～60 天，投资少，市场价格好，见效快。但此茬黄瓜生长期处于夏和秋两季，生长前期高温多雨、后期低温寡照，环境条件差异较大，病虫害易暴发流行，严重影响黄瓜产量和品质。只有严格按照科学方法种植，才能取得黄瓜高产优质。

2. 整地做畦和播种

夏秋季露地黄瓜宜在 7 月中旬至 8 月初播种，最迟于立秋前种植完毕。种植前结合整地施足基肥，每 667 米² 施草木灰 50 千克、过磷酸钙 50 千克、充分腐熟圈肥 4 000～5 000 千克，耕地不宜过深，以 15 厘米左右为宜，以免深耕积水受涝。整地后做畦，以高畦栽培为主，畦高 20 厘米，畦面宽 70 厘米，畦间沟宽 50 厘米，在每畦中间开深 15 厘米左右的小沟。

为了节约育苗成本，可以采用直播方式，播种前 2～3 天浇足底水，待水渗下、干湿适宜时将种子播于畦内小沟内侧。采取开穴直播，每穴播 2～3 粒种子，株距 25 厘米，播后覆土厚 2～3 厘米。播种前用清水浸泡种子，浸湿透后，用 10% 磷酸三钠溶液浸种 20 分钟，用清水冲洗后直播。一般播种后 4～5 天出齐苗，1～2 片真叶时开始间苗，间出弱苗、病虫苗及畸形苗。定苗宜迟不宜早，以免缺苗难补。4～5 片真叶时选留壮苗。按 20～25 厘米的株距定苗，每 667 米^2 留苗 5 000～6 000 株。在幼苗 1.5～3 片叶时喷施 150 毫克 / 千克乙烯利溶液，以降低雌花节位。

如果采用育苗移栽方式，苗龄不宜过长，幼苗具 1 片真叶即可移栽。

3. 搭架、整枝、绑蔓

黄瓜开始抽蔓时进行插架，可用 2 米以上的竹竿或枝条搭成"人"字形花架。整枝时，保留主蔓，到架顶时掐顶。主蔓基部 50 厘米以下的侧枝、老叶、病叶、卷须全部清除，以利于通风透光。植株中上部的侧枝可在出现雌花后留 1～2 片叶摘心。同时，还要及时绑蔓，约 50 厘米绑蔓 1 次。

4. 中耕除草，排水防涝

夏秋季黄瓜结瓜前期，由于雨水较多，土壤容易水渍板结，影响根系发育，应注意中耕除草。出苗后进行浅中耕，促使幼苗发根，防止徒长。结瓜前还需中耕多次，重点在于除草。中耕不要太深，一般第一次中耕深为3～5厘米，第二次中耕深为5～10厘米，结瓜期停止中耕。注意雨后立即排出田间积水，以防沤根。

5. 肥水管理

浇水应采取小水勤浇的方式，追肥采取勤追少追的方式，浇水和施肥可根据土壤的干湿状况和叶片颜色的状况灵活掌握。间苗后随浇水追施提苗肥，一般每667米^{2}追施尿素4～5千克。根瓜收前控制浇水，进入盛瓜期每隔3～4天浇水1次。抽蔓期、开花结果期重施磷、钾肥，每667米^{2}结合浇水施磷酸二氢钾肥20～25千克。处暑后天气转凉，可叶面喷施0.2%磷酸二氢钾或0.1%硼酸溶液，以防化瓜。

6. 收 获

夏秋黄瓜一般播后40天左右开始收获。根瓜要早收，以防坠秧。进入结瓜盛期，从坐瓜至采收嫩瓜需2～3天。

7. 病虫害防治

夏秋黄瓜病虫害较多，主要病害有白粉病、细菌性角斑病、炭疽病、病毒病、霜霉病等，主要虫害有黄守瓜、斑潜蝇、蓟马、螨类、蚜虫等，生产中要早防早治。

第五章
黄瓜大棚栽培模式

一、大棚黄瓜早春栽培技术

大棚黄瓜早春栽培是蔬菜设施栽培中发展应用最早的一种模式。春季是蔬菜淡季，黄瓜价格高，收益好。所以，这茬黄瓜是一年当中黄瓜种植的"黄金"季节。

1. 生产特点及调控技术

大棚黄瓜早春栽培，在定植初期温度偏低，光照较弱。随着时间的推移温度逐渐升高，光照逐渐加强，比较适宜大棚黄瓜生长。随后温度逐渐偏高、光照逐渐偏强、湿度逐渐偏大。生产中要根据环境条件的变化采取相应的管理措施。

（1）**温度**　大棚黄瓜早春栽培的整个生长季节，棚内温度是前期低后期高，而黄瓜生长发育前期怕低温冷害和冻害，后期怕高温灼伤。在一天之内，清晨日出后棚温随之升高，下午棚温逐渐下降，傍晚棚温下降最快，夜间11时后温度下降渐缓，直到凌晨4～5时棚温下降至最低点。一般晴天的昼夜温差可达30℃左右。

①前期低温时增温措施　一是采取提前扣膜、增施有机肥、大棚中扣小拱棚、地膜覆盖等措施，均可增加土壤热量贮存，提高早春地温。二是在大棚周围挖防寒沟，深度以当地冻土层为准，宽40厘米，沟内填入马粪、锯末或柴草，上面覆土踏实使之略高于地面。三是加防护裙。低温时在大棚基部四周覆盖1米高的草苫（也可用旧薄膜代替草苫），可使棚温提高1℃～2℃。四是在距大棚膜下20～30厘米处横向拉铁丝数道，铁丝上挂旧薄膜或无纺布，白天拉开，夜间合拢，可使棚温升高2℃。五是在定植初期大棚内搭小拱棚，能使棚温升高2℃～3℃。

②后期高温时降温措施　大棚通风降温是预防高温危害的主要措施。随外界温度的升高，逐渐加大通风量和延长通风时间。建造大棚时，大棚通风口的面积要占整个大棚面积的15%左右，以利于通风。

（2）**湿度**　春季每天日出后随着棚温的升高，土壤水分蒸发和作物蒸腾加剧，棚内水汽大量增加，空气湿度大。通风后棚内湿度下降，到下午关闭门窗和通风口前，空气湿度最低。密闭大棚后，随着温度的下降，棚面凝结大量水珠，空气湿度往往达饱和状态。晴天、刮风天湿度相对较低，阴雨天湿度显著上升。

对大棚内湿度的调节，最有效措施是通风换气。大棚的气密性强，棚内空气湿度和土壤湿度都比较高，空气相对湿度经常达80%以上，密闭时甚至为100%。大棚内薄膜上经常凝结大量水珠，水珠积聚到一定大小时呈水滴下落，使得地面潮湿泥泞，应当加强中耕和通风换气。此外，采用膜下灌溉技术，既可减少灌溉的次数，又能保障土壤湿润，减少水分蒸发，降低大棚内的空气湿度，是一项有效调节土壤和空气湿度的方法。

（3）**光照** 据观测，通常情况下1月份棚内日照时数为6.5小时、2月份为7小时、3月份为9.5小时、4月份为12小时。可见在早春的1～3月份大棚内日照时数明显不足。棚内光照强度每天从早上揭苫后逐渐上升，至上午11时30分达到峰值，之后又逐渐下降。晴天棚内光照较强，阴天棚内光照弱，而且随着大棚使用时间的延长，无滴膜老化或清洁度低均影响透光率。因而棚内光照强度也明显的不足。

为了提高大棚内的光照强度和光照时间，使大棚黄瓜充分利用光能，最大限度地进行光合作用，实现黄瓜高产高效，应采取以下措施：一是保持大棚无滴膜的清洁度，使其维持较高透光率，减少光照强度的损失。二是在大棚后墙悬挂反光幕，以提高棚内光照强度；尽量早揭苫晚盖苫，使棚内黄瓜尽可能地多接受散射光，以增加光照时间。三是在不能揭苫的情况下，可采用人工补光措施，使棚内日照时间维持在12小时左右；阴天也要尽量揭草苫，不可连续多日不揭苫，以免黄瓜在黑暗中生长养分消耗过多。四是合理调整植株，提高株间透光率。

2. 定植前的准备

（1）**整地施基肥** 整地和施基肥一般在头年秋冬季完成。每667米^{2}施腐熟有机肥5 000～7 000千克、过磷酸钙100千克左右或三元复合肥50千克。然后翻耕晒地。

（2）**扣棚** 定植前20～30天扣棚，以尽快提高地温。如果是春秋连作，应清洁大棚，清除残株、落叶和杂草。扣棚后用百菌清烟剂或硫磺对大棚进行熏蒸，以降低病虫基数。每667米^{2}可用45%百菌清烟剂250～300克，或硫磺1千克，分堆点燃，进行熏蒸消毒。

（3）**做畦覆膜** 定植前10天进行整地做畦。先平整土地，使土壤细而碎，肥土混合均匀，然后做畦。畦可做成高畦，以利于增加地温，提高前期产量。做畦时一定要注意协调畦埂与大棚压线的位置，保证压线处的滴水不落到黄瓜叶片上，以减轻病害的发生。畦向为南北向，畦高10～15厘米，畦宽70～80厘米，每畦做埂2行，行距40～50厘米，畦行中间开水沟，以备后期大量需水时，从畦面中间的垄沟浇水。在定植前5～7天覆盖地膜，以利于保墒和提高地温。作业道宽50～60厘米。

2. 定 植

（1）**定植期** 华北地区，定植期为 2 月中下旬至 3 月中下旬。大棚黄瓜早春栽培，定植时对温度的基本要求是，扣棚后大棚内 10 厘米地温稳定在 10℃以上，棚内最低气温稳定在 5℃以上。定植要选在寒流刚过、晴天无风的上午进行。切忌为了赶时间选在寒流的天气定植，更不能在阴雨雪天定植。

（2）**定植方法** 定植时，在畦埂的地膜上按株距 20～25 厘米，打直径 12 厘米、深 10 厘米的定植孔。栽苗前先往定植孔中浇点水，然后将秧苗带坨放入孔中并覆土，苗栽好后用土把定植孔周围的地膜封严。定植深度以苗坨和畦面相平为宜。

若所培育的黄瓜苗不太整齐，应将大苗栽植在棚的四周，小苗栽植在棚的中间，以使缓苗后生长基本一致。

大棚黄瓜早春栽培，栽植密度一般为每 667 米² 栽 4 000 株左右，早熟品种密度可加大至 4 500 株，晚熟品种则应适量减少。

4. 定植后管理

（1）**缓苗期管理**

①温度管理 定植后缓苗阶段管理的重点是提高温度，以促进黄瓜迅速缓苗。如在 2 月初定植，可采用大棚内搭小拱棚的方法增温，在定植当天就应搭好小拱棚，扣上两层膜，并在夜间加盖草苫防寒。定植后 1 周内，如白天棚内温度不超过 35℃，不揭小拱棚膜，大棚也不

用通风。棚内白天温度保持 30℃～35℃、夜间 15℃左右，最有利于缓苗。小拱棚上的覆盖物要早上揭开、晚上覆盖，缓苗后逐渐揭去小拱棚膜。

②浇缓苗水　定植后 7～8 天，幼苗新叶开始生长时缓苗结束，这时应在天晴时浇 1 次缓苗水。缓苗水可根据地温采用两种浇水方法：一是地温较低时可按穴孔浇水，逐株点水，待水全部渗入后再覆土，覆土厚度没土坨上方 1 厘米即可。待缓苗后在垄沟浇 1 次小水。二是地温较高时，可顺垄沟在膜下浇水，一次性浇透。无论哪种方法，都要根据地温和天气掌握浇水量，绝不可过量，否则难以保证地温，影响缓苗。

（2）**抽蔓期管理**　黄瓜幼苗从 4 叶 1 心至根瓜坐住为抽蔓期。多数品种从第四节开始出现卷须，节间开始伸长，茎蔓的延长和叶片的生长明显加快。有些品种开始出现侧蔓，雄花和雌花也先后出现并开放。抽蔓期较短，一般为 10～20 天，早熟品种短，晚熟品种长。抽蔓期结束时，一般植株茎高可达 30～40 厘米，子叶已达最大，真叶展开 7～8 片。第一条瓜的瓜把由黄绿变为深绿色，标志着抽蔓期结束。抽蔓期仍是以营养生长为主，并由营养生长开始向生殖生长转化。此期植株生长主要是形成茎叶，其次是根系进一步生长扩大。

抽蔓期在管理上以促为主，促进根系发育，同时应注意控制地上部徒长，以培育健壮植株，为结瓜打基础。主要管理措施有以下几项。

①中耕松土提高地温 定植后7～10天开始中耕松土，直至结瓜前应中耕松土2～3次。

②通风适当降低棚温 棚内温度白天控制在25℃～30℃，超过30℃即通风，午后温度低于25℃即停止通风。夜间温度保持在10℃～15℃，对于徒长苗或预测雌花分化不好的秧苗，夜温可降至10℃左右。通风方法是先打开门窗，之后随着外界温度的升高，可以卷起大棚肩部压在围裙上的薄膜，扒缝通风。5月中旬左右，通风口面积应达到覆盖面积的10%。阴天虽然气温低，但由于光照弱、湿度大，植株容易染病，因此也要适当通小风排湿。

③酌情浇水 抽蔓期应适当蹲苗，不浇水，不追肥，促进根系向下生长，控制茎叶生长，以利于开花坐瓜；避免因浇水地温降低，引起寒根、沤根现象的发生。发现秧苗确实缺水时，可顺沟浇小水，浇后待表土稍干，立即中耕松土。根瓜坐住开始正常发育后，立即停止蹲苗。这个时间点的把握很重要，停止蹲苗的时间早了易造成疯秧徒长，晚了则可能出现瓜坠秧现象。

④吊蔓和植株调整 定植缓苗后，当黄瓜蔓长至5～6片叶，或蔓长25～30厘米时应及时用尼龙绳吊蔓或用细竹竿插架绑蔓。以主蔓结瓜为主的品种，及时摘除10～12节以下的侧蔓；对于主、侧蔓均可结瓜的品种，在10～12节及以上、叶腋无主蔓瓜的侧蔓要保留，留1个瓜后，在瓜前留2～3片叶打顶。及时摘除下部

病叶、老叶和畸形瓜，同时也要摘除雄花、卷须，以减少养分的消耗。目前，生产上广泛使用绑蔓夹，每株用绑蔓夹2个，将植株直接固定在吊绳上，不用绕蔓，以便于后期的落蔓。

⑤追肥浇水　生长正常的植株第一次追肥浇水的时间在根瓜膨大期，即大部分植株根瓜长15厘米左右时。掌握好第一次施肥浇水的时间尤为重要，若植株长势旺，结瓜正常，且土壤不缺水，可推迟到根瓜采摘时进行；若植株长势弱，结瓜不正常，且土壤缺水，则浇水要提前。这一水要浇透，结合浇水每667米^{2}施三元复合肥15～20千克，或每株刨坑追施腐熟农家肥50克或硝酸铵10克，注意追肥后及时浇水。

（3）结瓜期管理　从第一条根瓜坐住至拉秧这段时期为结瓜期。黄瓜结瓜期植株营养生长与生殖生长并进，两者保持着相对的平衡。这一时期叶片的面积达到最大，蔓的生长速度也最快。在通常条件下，瓜条长度日生长量最大可达4～5厘米，瓜横径日生长量最大可达0.4～0.5厘米。就一株黄瓜而言，根瓜生长慢，腰瓜生长快，顶瓜及回头瓜生长速度居中，一般1个瓜从开花至商品成熟需要10～15天。植株生长前期相对较慢，生长中期相对较快，生长后期居中。

①温度管理　大棚黄瓜早春栽培进入结瓜期应在3月下旬至4月份。此期外界气温日渐升高，当外界温度白天在20℃以上时，要掀开裙膜、打开棚门进行

通风；夜间前半夜温度保持16℃～20℃，后半夜保持13℃～15℃，如温度过低，要注意早揭晚盖草苫。当外界最低温度达到25℃以上时可昼夜通风。

②肥水管理　结瓜期地温和气温均已升高，茎叶生长与果实生长并进，果实不断连续采收，吸水量很大，每株黄瓜每天吸水可达4升之多。所以，此期需大量浇水，经常保持土壤湿润。浇水应在采瓜前进行，有利于黄瓜增重和保持鲜嫩。一天中宜在早、晚浇水，且以早上为最好。直至顶瓜生育期，植株开始进入衰老阶段，需水量相对减少，但回头瓜还在生育，加之天气更加炎热，浇水仍需加强。

据推算，每采收100千克黄瓜，需施硫酸铵2.2千克或尿素1.4千克，低于此量则为供肥不足。在根瓜坐住并已开始伸长时，选晴天进行追肥，每667米²施尿素15千克左右，可随水从膜下灌入沟内，灌完水后将地膜重新盖严。在结瓜初期一般每6～7天浇1次水，12～14天追1次肥，每次每667米²施高氮高钾复合肥15～20千克。在结瓜盛期，天气好时，一般3～4天浇1水，7～8天追1次肥，每次每667米²施硝酸钾20～30千克。在5～6月份的高温天气条件下，2～3天或1～2天浇1次水，4～5天追1次肥，每次每667米²施硝酸钾30～35千克。

生产中施肥要按少量勤施、及时补充的原则进行，要注意观察植株的形态，如瓜条、秧蔓均小，植株龙头小、顶叶淡黄色，卷须细，瓜条生长慢，叶片薄，叶色浅，以上这些现象均表明缺肥，应及时追肥。如果龙头墨绿色、叶片发皱，则表明施肥过多，要及时浇水，以降低肥料浓度。

③植株调整

第一，吊蔓。当秧苗长至5～6片叶时植株易倒伏，应采用无色塑料绳进行吊蔓。缠绕茎蔓时注意不要把瓜码绕进绳里。

第二，整枝绑蔓。绑蔓时操作一定要轻，以免碰伤瓜条和叶片，同时应注意使每排植株的顶端最好处于同一高度。具体做法是对生长势较弱的植株采用直立松绑；对生长势强的植株采用弯曲紧绑，通过不同的弯曲程度调整植株生长上的差异。每次绑蔓均应使"龙头"朝同一方向，这样有规律的分布有利于通风透光。绑蔓时顺手摘除卷须，以减少养分消耗。对有侧蔓的品种，应将根瓜以下的侧蔓摘除，根瓜以上的侧蔓留1～2个瓜摘心。一般主蔓长至25片叶时摘心。黄瓜生长中后期及时摘除基部老叶、黄叶、病叶，以利于通风透光和减轻病虫危害。

第三，落蔓。大棚黄瓜栽培生育期较长，植株高度一般可达3米以上。当植株上端顶住棚膜时，植株间相互遮光，导致大棚内通风透光不良，影响植株继续生长结瓜。因此，需要进行落蔓，即将植株整体下落，让植株上部有伸展空间，继续生长发育、开花结瓜。落蔓时，应先将瓜蔓下部的老叶摘掉，将瓜蔓基部的吊钩摘下，使瓜蔓从吊绳上松开，然后用手将瓜蔓轻轻下落并顺势圈放在地膜上，瓜蔓下落到要求的高度后，将吊钩再挂在靠近地面的瓜蔓上，最后将上部茎蔓进行缠绕和理顺。生产中应尽量保持各株黄瓜的"龙头"上部平齐。

落蔓时应注意的事项：一是落蔓前 7～10 天最好不要浇水，以降低茎蔓组织的含水量，增强茎蔓组织的韧性，防止落蔓时因瓜蔓太脆而造成断裂。二是落蔓要选择晴天的下午进行，不要在上午 10 时前进行。三是落蔓操作要轻，不可生拉硬拽，应顺着茎蔓的弯向引蔓下落。一般每次落蔓均不超过 0.5 米，使植株始终保持在 1.7～2.1 米的高度，保持有叶的茎蔓距垄面 15 厘米左右，每株保持功能叶 15～20 片。生产中具体落蔓的高度应据黄瓜植株长势灵活掌握，若长势旺盛，可一次多下落些，否则可少下落些。四是落蔓后的几天里，茎蔓下部萌发的侧枝要及时抹掉，以免与主蔓争夺营养。

第四，摘老叶及卷须。在植株调整的过程中应将叶龄 45 天以上的老叶及黄叶、病叶摘除，以改善光照条件。摘老叶时，1 次只可摘去 1～3 片，逐步进行不可贪多，以防削弱植株的长势。黄瓜植株自第三片真叶展开后，每个叶腋间都生卷须，会消耗大量的养分，所以当卷须长出后应及时掐去。

第五，摘心。摘心时期应根据品种特性而定，易结回头瓜的品种，一般在拉秧前1个月摘心；以侧蔓结瓜为主的品种，应在主蔓4～5片叶时摘心，保留2条侧蔓结瓜。

第六，采收。黄瓜雌花开放后7～12天，瓜把深绿，瓜皮有光泽，瓜上瘤刺变白，瓜顶稍现淡绿色条纹即可采瓜。我国华北的大部分地区以果实"顶花带刺"作为最佳商品瓜采收期。根瓜应尽量早收，以免坠秧。初瓜期每隔2～3天采收1次，盛瓜期可每天采收1次。不同长相植株的瓜条采收标准有所不同，长势较弱的植株上所结的瓜条应适当早收，以促进植株茎叶生长；而长势旺盛植株的瓜条则应适当晚收。不同长相的瓜条采收标准也不同，对于外观顺直的瓜条应适当晚收；畸形瓜则应适当早收，必要时甚至可以在瓜条膨大前及时摘除。采收应在早上进行。

（4）结瓜后期管理　大棚早春茬黄瓜栽培，结瓜后期已进入6月上中旬，温度升高，气候条件已不适宜黄瓜生长发育，植株开始衰老。应在大棚四周大通风，保留顶膜起遮阴和遮雨的作用。在管理上以控为主，注意植株的更新，可保证一定的产量。首先应加大通风量，降低温度，特别是要降低夜间温度。同时，少浇水，控制茎叶生长，去掉主蔓，注意培育1个侧蔓，用侧蔓代替主蔓结瓜。如果肥力较差，可以采用叶面喷肥的方法增强植株长势，可叶面喷施0.2%磷酸二氢钾溶液或尿素溶液。进入7月初，大棚早春茬黄瓜的产量较低、品质较差，而且此时露地黄瓜、小拱棚黄瓜均已进入结瓜盛期，因此应及时拉秧腾地，为下一茬生产做准备。

二、大棚黄瓜秋延后栽培技术

秋延后大棚黄瓜栽培，在华北地区7月上旬至8月上旬播种，7月下旬至8月下旬定植，9月上旬至11月下旬供应市场，整个生长发育期110～120天，塑料大棚扣膜时间一般在10月上旬。

1. 生产特点及调控技术

大棚黄瓜秋延后栽培是在深秋较冷凉季节、夏秋露地黄瓜已不能生长时，利用大棚的保温防霜作用继续生产的一茬黄瓜。这茬黄瓜的播种期和幼苗期处于高温、多雨的强光季节，进入结瓜期后温度逐渐下降，其栽培季节的外界气候条件与黄瓜生长发育对环境条件的要求完全相反。即温度变化由高到低，前期处在高温多雨季节，中期又常常遇到高温干旱，结瓜盛期以后便进入秋冬季。另外，秋延后黄瓜栽培病害较严重，雨季易发生霜霉病、白粉病、枯萎病、疫病等，高温干旱条件下病毒病发生严重。同时，夏秋季也是各种虫害繁殖迁飞的活跃期，危害严重。因此，大棚黄瓜秋延后栽培成功的关键在于，高温多雨或高温干旱季节，降温防雨涝或防干旱，后期加强防寒保温尽量延长采收期，同时还要及时防治病虫害。要求选用抗病性强、耐热、结瓜早、瓜码密且收获集中的品种。

2. 种植前的准备

秋延后塑料大棚黄瓜栽培，应注意选择地势高燥、土质肥沃的地块，并避免重茬。前茬蔬菜收获后，及时清除枯枝烂叶并抓紧整地和消毒，消毒可在整地前进行，也可在整地后进行。整地前棚内熏蒸消毒，应将架材一并放入，扣严薄膜，密闭棚室，每667米^{2}用硫磺粉2～3千克，加80%敌敌畏乳油0.25千克，拌上锯末，分放于铁片上点燃，然后密闭棚室熏12小时，可消灭地上部分害虫及病菌。施肥应"重头控尾"、"重基肥轻追肥"。播种前10～15天，深翻25～30厘米晒垡。结合翻地，每667米^{2}施腐熟细碎有机肥3 000～4 000千克，通过翻耕使肥土混合均匀。若前茬蔬菜基肥超过7 500千克，这茬黄瓜可适当少施基肥。

播种前5～7天做畦，一般做成高10厘米、宽80厘米的大垄，两个大垄间开宽40厘米的大沟。在每个大垄中间开宽20厘米的小沟，形成2个宽30厘米、高10厘米的小垄。四周挖排水沟，以便在小苗期间浇小水降低地温，下雨时将雨水及时排出，每小垄上栽植1行黄瓜苗，株距20厘米左右，每667米^{2}栽植4 500～5 000株。

播种至苗期正处在夏秋高温、多雨季节，易发生各种病害，特别是结瓜前期雨水多，会影响根系发育。因此，播种后，应搭设遮阳棚。遮阳棚拱架可采用塑料大棚拱架，覆盖透明度较差的废旧塑料薄膜，或在膜上覆盖一些遮阳物，如麦秸、苇席等。薄膜四周全部揭开，这样可以有效地预防疫病等土传及水传病害的发生。有条件的采用遮阳网覆盖栽培效果更好。

3. 播种或育苗

播种期应根据当地自然气候条件下，黄瓜在大棚内可延迟生长发育的时间来确定，一般以提前4个月播种比较适宜。如大棚内霜冻期在11月中下旬，则以7月中下旬播种为好。同时，应使这茬黄瓜的供应期，赶在秋露地黄瓜已结束，温室黄瓜上市之前。

大棚秋延后黄瓜栽培采用直播或育苗两种方式均可。直播可采用干籽播种，也可浸种催芽后再播种。一般来说直播方式出苗齐，幼苗抗性强。育苗移栽，如缺苗再补栽，往往会出现大小苗不齐，而且移栽、补栽苗的抗性弱，往往成为日后发病的初侵染源。因此，大棚秋延后黄瓜提倡直播，以保证苗齐、苗壮。秋延后黄瓜生长期短，一般要比春茬黄瓜适当密植，每667米^{2}植4000～5000株。直播按行距60厘米、穴距25～35厘米，每穴放2粒种子，每667米^{2}播种量为250克左右。播种时先浇足底水，然后按株距进行穴播，播后覆土并适当镇压。播种后于傍晚施毒饵，防治地下害虫。防治地老虎、蝼蛄，可用90%敌百虫可溶性粉剂100克对水1升，拌切碎的鲜草或菜叶6～7千克；防治蟋蟀，可用90%敌百虫可溶性粉剂50克对水1.5升，用1千克配好的药液拌 20 千克炒香的麦麸，捏成团施于田间诱杀。

如采用育苗移栽，可在大棚内搭凉棚或用遮阳网覆盖育苗，畦宽 1～1.2 米、长 6 米左右。每 667 米² 畦面撒施 3 000 千克腐熟圈肥后，翻土 10 厘米深，使土和肥充分拌匀。然后搂平畦面，按 10 厘米×10 厘米的行株距划方格，在每格中央平摆 2 粒种子，播后覆盖 2 厘米厚的营养土，轻踩一遍后浇水。出苗后保持畦面见干见湿，若畦面偏干，应在早晨和傍晚浇水。

在夏秋高温季节，黄瓜雌花出现的节位偏高，往往在 6～8 节或以上，且数量较少，一般间隔 2～3 节才出现雌花。生产中为增加产量，促进黄瓜植株的雌花分化和发育，多在黄瓜幼苗期喷洒乙烯利，以促进雌花的形成。具体做法：在幼苗长至 1 叶 1 心时，用 100 毫克／千克乙烯利溶液喷黄瓜植株，每隔 2 天喷 1 次，共喷 3 次。生产中要注意药液浓度，浓度过高易出现花打顶，且生长缓慢；浓度过低则效果不明显。喷药宜在早晨进行，避免在中午高温时喷施，以免产生药害。

4. 定苗及定植后管理

采用直播方式的，播种后 7～10 天，当幼苗出齐、子叶展平至第一片真叶展开时，应及时分期间苗和补苗。选留健壮、整齐、无病的秧苗。3 叶期按每 667 米² 栽植 4 500 株定苗。如果幼苗瘦弱，应叶面喷施 0.1%～0.2% 磷酸二氢钾溶液或其他叶面肥。同时，注意防治病虫害，确保苗齐苗壮。

采用育苗移栽的，当幼苗2叶1心时即可定植。定植时，每小垄上栽植1行黄瓜苗，株距20厘米左右，每667米²栽植4500～5000株。

苗期要多次浅中耕，松土保墒促扎根。雨后要及时浇小水并喷药防病保苗。遇高温干旱为降低温度，应适当增加浇水次数及数量。每次浇水后，均应加强中耕松土。若发现幼苗徒长，可用矮壮素或甲哌鎓粉剂500～1000毫克/千克喷洒。黄瓜直播易出现缺苗现象，可在清晨或傍晚移栽补苗，补苗时应浇足水。

5. 温湿度管理

（1）高温期　播种后至9月上中旬，黄瓜处在幼苗期至根瓜生长阶段。在根瓜收获前一般不需追肥浇水，以防黄瓜秧徒长。播种后40天左右采收根瓜时，黄瓜茎蔓基本满架，主蔓留22～25片叶摘心。根瓜采收90%以上时，结合浇水进行追肥。这次浇水严禁大水漫灌，否则会因根部温差过大，造成严重落花和化瓜。此期间，高温多雨，除棚顶扣膜外，四周敞开大通风，起到凉棚降温防雨作用，下雨时可将薄膜放下来，雨停后立即打开，并注意苗期及时排水，防止畦内积水，造成根系窒息植株死亡。积水或遭雨水冲刷处应尽快浅锄，松土透气。

（2）适温期　9月上旬至10月上旬，是秋延后大棚黄瓜生长旺盛时期，也是这茬黄瓜优质高产的关键期，应注意防病、护秧，为黄瓜生长发育创造适宜的环境条件。大棚管理的具体方法：早上日出前通风 20 ~ 60 分钟排除废气和湿气，然后闭棚使棚温迅速提高至 25℃以上。上午结合通风使棚温保持 25℃ ~ 28℃，滴灌棚和地膜棚应注意保持棚内湿度，避免高温烧苗。下午当棚温降至 25℃左右时，加大通风量使温度降至 18℃ ~ 20℃。外界最低气温高于 15℃时可整夜通风，阴天光照较弱时需全天通风，雨天注意防止雨水溅入棚室内。浇水宜在清晨和上午进行，浇水后闷棚使棚温提高至 32℃以上，保持 1 小时后通风。若通风 2 小时棚温降至 25℃以下应再次闷棚提温，提温后再加强通风排湿。在这个阶段，需肥量大，叶面追肥可快速补充植株生长发育的需要，可结合喷药加入 0.5% 尿素溶液或 0.3% 磷酸二氢钾溶液。

（3）**低温期** 10 月中旬以后，外界气温逐渐降低，应逐渐减少通风量，尽量提高棚温，白天温度保持 25℃左右、夜间 15℃左右，夜温低于 13℃时，夜间不留通风口。一般 10 月 15 日前浇 1 次肥水，浇水后及时中耕，中耕可以达到保墒、提高地温、增加土壤含氧量、划断地表老根和减少营养消耗的效果。此阶段要特别注意初霜和寒流的侵袭，主要工作是修补和清洁棚膜；压严底部通风口，及时扣上两边的裙膜，夜间在大棚四周围盖草苫。

6. 肥水管理

大棚秋延后黄瓜定植后，表土见干见湿时浇 1 次缓苗水。结瓜前以控为主，要求少浇水。在根瓜坐住后开始 5～7 天浇 1 次水，随气温降低逐渐延长至 7～10 天浇 1 次水，后期密闭棚室保温，一般不再浇水。生产中应根据气候变化灵活掌握浇水次数和浇水量。

结瓜前期以控为主，不追肥，适当蹲苗。进入结瓜盛期肥水供应要充足，每采收 1～2 次追 1 次速效肥，一般追肥 2～3 次。每次每 667 米² 追施尿素 8～10 千克，或三元复合肥 20 千克，或磷酸氢二铵 15～20 千克，或腐熟稀人粪尿 500～750 千克。生产中应注意化肥与有机肥交替施用，并减少氮肥用量，适当增加磷、钾肥用量。同时，应及时插架绑蔓和整枝、打杈、摘心。采瓜应及时，防止采瓜过迟，造成坠秧。

7. 中耕培土和植株调整

大棚秋延后黄瓜从定植到坐瓜，一般中耕松土 3 次。根瓜坐住后不再中耕。盛瓜期及后期应适当培土。

大棚秋延后黄瓜生长前期温度高，光照充足，植株生长较旺，应及时吊绳绑蔓和整枝。吊绳时将绳子一端固定在专用铁丝上，下端松绕在瓜秧基部，使主蔓沿绳子向上攀缘。绑蔓时各株茎蔓的"龙头"取齐，方向一致。茎基部 5 节以下的侧蔓全部摘除，没有雌花的侧蔓也全部摘除。保留中上部有雌花的侧蔓，在侧蔓上留 1瓜，瓜上留 2 叶摘心。绑蔓时注意摘除雄花和卷须。当植株长至 25 片叶、茎蔓接近棚顶时，可打顶摘心，促进侧枝萌发，培育回头瓜。11 月份进入生长后期，适当打掉底部老叶、病叶、黄叶，摘除畸形瓜，以减少养分消耗，增强通风透光，减少病虫危害，促进植株上部结瓜。同时，应注意及时落蔓。

生产中还要注意疏花疏果。黄瓜的每节腋内均会产生很多雄花，一般在每节腋内留1朵未开的雄花即可，其余摘掉以免消耗养分。留瓜应视瓜秧的长势而定，瓜秧长势壮、叶片大，留瓜数可多一些；瓜秧长势弱、叶片小，则应少留瓜。在结瓜前期，一般每株留4个瓜（2大2小）；结瓜后期一般每株留3个瓜（2小1大）。疏瓜时应首先摘除畸形瓜，以确保黄瓜品质。

8. 采 收

根瓜尽早采收，防止坠秧。结瓜前期，露地茬黄瓜上市量较大，价格较低，应尽量早采收，可1天1采，以利于保持植株长势；结瓜盛期，每1～2天采收1次；结瓜后期，天气转冷，温度低光照弱，产量低，但随着露地黄瓜的断市，秋延后黄瓜价格逐渐提高，所以应逐渐拖延采收期，以发挥延后栽培的优势，提高经济效益。

三、大棚水果型黄瓜早春栽培技术

水果型黄瓜又叫迷你黄瓜、小乳瓜。其瓜型小，瓜条顺直，表面光滑微有棱，口感脆嫩，瓜味浓郁，没有苦味，是一种高档的水果型蔬菜。相对于普通黄瓜而言，由于表皮无刺，易于清洗，农药残留较少，深受人们喜爱。水果型黄瓜品种为20世纪90年代中期从荷兰和日本引进，由于当时种子价格较高，推广面积不大。近年来，我国已先后自主研发培育出多种适应不同栽培方式的水果型黄瓜优良品种，栽培面积逐年扩大。水果型黄瓜的生长发育与普通黄瓜有不尽相同的地方，在生产上要采用不同的栽培技术。

1. 育 苗

由于水果型黄瓜种子价格较贵，育苗时应精量播种，生产中可采用穴盘育苗或营养钵育苗。选用通气良好、保温、保肥、渗水、保水能力强的基质，如草炭、蛭石、珍珠岩等。播种后用 72.2% 霜霉威水剂 600～800 倍液灌根，可有效预防黄瓜苗期猝倒病的发生。荷兰小黄瓜对温度要求严格，发芽适温为 24℃～26℃，温度过高，发芽快，但胚芽细长；温度过低，出芽慢，易烂种。一般播种后 4 天出苗，出苗后白天温度保持 23℃～25℃、夜间 15℃～18℃。

2. 整地与定植

水果型黄瓜具有丰产性特点，植株叶片较大，光合同化面积大，结瓜早，连续结瓜能力强，但这些特点与根系吸收能力较弱相矛盾。因此，在定植前要精细整地，大量施用基肥，一般每 667 米^2 施充分腐熟的鸡粪 10 米^3、三元复合肥 50 千克、过磷酸钙 100 千克、钾肥 15 千克。肥料撒匀后用旋耕机深翻 30 厘米，耙细，做成小高垄，实行大小行种植，大行距 90 厘米，小行距 60 厘米，铺银灰色地膜，有条件的尽可能安装滴灌设施。

当幼苗达 3 叶 1 心、苗龄 30 天左右即可定植。定植密度为每 667 米² 植 2 500 株左右。定植后立即浇稳苗水，使幼苗根系与畦土密切结合，利于根系向周围发展。定植最好在晴天的上午进行。

3. 田间管理

（1）**肥水管理** 定植 1 周后浇缓苗水，促进发棵。之后每周浇 1 次水。采瓜初期视天气情况每 3～4 天浇 1 次水，每 7～8 天追 1 次肥，每次每 667 米² 施三元复合肥 15 千克。6 月份进入盛瓜期，气温增高，植株蒸腾作用加强，应 1 天浇 1 次水。同时，还可叶面喷施 0.3% 磷酸二氢钾溶液，或 0.1% 尿素溶液，以补充养分。结瓜后期结合浇水每 667 米² 施三元复合肥 20～30 千克、尿素 20 千克。

（2）**温度管理** 定植后白天棚温保持 24℃～30℃，夜间应尽量保持在 16℃ 以上，不可低于 10℃。气温升高应及时通风，尤其是夜间温度若高于 18℃ 时要加大通风量，使棚内保持明显的昼夜温差。昼夜温差在 10℃ 以上，有利于壮秧增产，并可防止各种病害发生。

（3）**植株调整** 水果型黄瓜生长发育早期应去掉 1～5 节位的幼瓜，从第六节开始留瓜。在植株有 6 片真叶、卷须出现时开始吊蔓，吊蔓一般用尼龙绳。由于迷你黄瓜生长势强，需每 3 天进行 1 次缠蔓，吊蔓和缠蔓的同时，去掉下部的侧枝和老叶，摘掉雄花和卷须。整枝吊蔓时注意不要损伤叶片，并使叶片均匀摆布，防止相互遮挡。在生长发育中后期要及时去掉植株下部的老叶、黄叶及病叶。落蔓可调整为 S 形，不用刻意盘蔓，但需注意每次落蔓均应统一朝一个方向倒，也就是说，如果第一次落蔓时统一朝左倒，那么下一次落蔓时则统一朝右倒，这样几次落蔓后茎秆就自然而然成为 S 形。落蔓有利于田间通风透光，在一定程度上还可以减轻病害的发生。

4. 采　收

水果型黄瓜生长迅速，应及时采收上市。采收过迟，瓜条粗大，品质降低。一般雌花开放后 6～10 天，瓜条长 15～18 厘米、横径 2～3 厘米，即可带 1 厘米瓜柄采收。采后及时分级、包装上市。一般每 667 米 ^{2} 产量 5 000～6 000 千克，最高可达 15 000 千克。

第六章
黄瓜日光温室栽培模式

一、日光温室黄瓜冬春茬栽培技术

在我国北方地区利用日光温室，秋季播种冬季开始采收，直到翌年春末夏初结束，这茬黄瓜称为越冬茬或越冬一大茬，也习惯称之为冬春茬。该栽培模式，一般在9月下旬至10月上旬播种育苗，10月下旬至11月上旬定植，翌年1月份开始采收，春末夏初结束生产。

1. 生产特点

冬春茬黄瓜生长发育期主要在一年之中日照最差、温度最低的季节里，栽培技术难度较大，要求比较严格。幼苗期正处于外界气温低、日照较短的冬季，需做好保温增光工作。随着地温和气温逐渐上升，水分蒸发量逐渐增大，需不断调节浇水量。在结瓜盛期，环境条件优越，要最大限度地利用外界条件，以获得高产高效。生长后期，室温过高、光照过强，需加大浇水量和通风量，以免造成植株徒长或早衰而减产。此茬黄瓜上市期正逢春节，黄瓜市场行情好，价格高，菜农收益好，是一年当中温室黄瓜种植的黄金期，也是经济效益和社会效益最好的一茬黄瓜。

2. 定植前的准备及定植

定植前 10～15 天扣膜升温，清除前茬地面残留物，深翻土壤 30～35 厘米，晾晒 1 周。结合耕地每 667 米² 施腐熟有机肥 7 500 千克或鸡粪 2～3 米³、磷酸氢二铵 50 千克、草木灰 150 千克、饼肥 150 千克。耕翻后浇透水，待土壤表层干结时耙平做畦，按大行距 60～65 厘米、小行距 35～40 厘米南北向做畦。畦面和畦沟均覆盖地膜，接缝留在畦沟处。定植前 1～3 天挖好定植穴，温室前部株距 25 厘米、中部株距 27 厘米、后部株距 30 厘米，每畦栽 2 行，每 667 米² 定植 3 000～3 500 株。

在 10 厘米地温稳定在 12℃ 以上时定植。选用苗龄 30～35 天、具备 4～5 片真叶，叶片肥厚，叶色浓绿，节间短，根系发达的幼苗。栽植时保证幼苗营养土块与苗畦相平，嫁接苗的嫁接口距地面 2～3 厘米以上，覆半穴土，浇水稳苗，然后再覆土。定植后白天温度保持 25℃～30℃、夜间 18℃～20℃。为了控制幼苗病虫害，定植后，可喷洒百菌清预防霜霉病、喷洒天然除虫菊素预防蚜虫。

3. 田间管理

（1）**缓苗期** 从定植到长出第一片新叶为缓苗期，一般需要 10 天左右的时间。这一时期的主要任务是防止幼苗萎蔫、促伤口愈合和促发新根，出产中应浇足定植水，保持较高温度，遮阳防萎蔫。一般定植后不浇水、不追肥，3 天内不通风散湿，10 厘米地温保持 25℃，白天室温保持 28℃～32℃、夜间 20℃～25℃，空气相对湿度保持在 90%～95%。若遇晴朗天气，中午前后盖草苫遮阴，防止秧苗萎蔫。3 天后，若中午前后棚内气温超过 35℃，开天窗通风降温至 32℃，并逐渐降低夜温，使夜间温度不高于 18℃。

（2）**坐瓜初期** 黄瓜定植后长出第一片新叶到植株第一雌花开放或坐住瓜，这一时期是温室黄瓜管理上技术性最强、也是最重要的时期，历时 30～35 天。这段时间管理的重点：一是促进根系发育，保持地上部有一定生长量，茎叶充实，从而形成强健的植株，避免出现徒长现象。二是促进花芽分化，增加雌花数量，确保蕾花发达。

管理上主要协调好光照、温度、水分这三者之间的关系。光照，调节揭盖草苫的时间，争取每天 8～10 小时的短光照；勤擦拭棚膜除尘，增加棚膜透光性；还可以在温室内挂镀铝反光幕，增加漫反射光照。温度，通过覆盖、人工增温和通风降温等措施，使室内白天温度控制在 24℃～28℃、夜间 14℃～18℃，昼夜温差为

10℃～12℃。冬季室内温度达到适温上线时，可将后立柱上面的薄膜间隔扒开小缝，通风换气，以降低棚内的温湿度，随着天气转冷通风量要逐渐减少。深冬时，一般不通风，若晴天棚温超过30℃，可在中午前后短时间通风，以降温、降湿、换气。在地膜覆盖条件下，减少浇水，使黄瓜垄土壤相对湿度保持在70%～80%，最高不超过85%，最低不低于65%。

不良天气条件下，要时时关注天气预报，掌握天气变化，当寒流和阴雪天气来到时，要及时严闭大棚，夜间整体加盖草苫。后墙和山墙达不到厚度的，可在墙外加草苫保温。夜间降雪、白天阴天，应及时扫除温室上的积雪，并适时拉开草苫，争取棚内有散射光照和弱光。不良天气过后，注意逐渐通风，引蔓上吊架，以增强植株间的通透性。此期尽量不要喷药，以免增加棚内湿度。

（3）**结瓜前期和中期** 此期是黄瓜营养生长与生殖生长都非常旺盛的时期，叶面积大，光合作用强，管理的重点是提供充足的肥水。同时，这段时间病虫害发生也相对严重，要做到及早防治。

①光照管理 适时揭、盖草苫，尽可能地延长光照时间；即便阴雪天气，白天也要尽可能揭盖草苫争取光照。及时落蔓、吊蔓、调蔓、去除老叶，以改善植株间通风透光条件。

②温度管理 深冬晴天室内温度中午前后保持

20℃～30℃、夜间16℃～14℃，夜间最低温度保持8℃～10℃。阴雪天气棚内温度中午前后保持20℃～22℃、夜间16℃～12℃，短时间最低温度8℃。

③肥水管理　在施足基肥的情况下，定植后至根瓜采收前一般不追肥，可根据植株长势适量喷施磷酸二氢钾等叶面肥。在第一次采摘后随水冲施化肥，浇水间隔期为10～15天，隔1次浇水冲施1次化肥，每次每667米^{2}冲施尿素和磷酸二氢钾各5～6千克。在结瓜盛期，每7～8天浇1次水，每次每667米^{2}随水冲施三元复合肥10～15千克。还可在每个晴天的上午9～11时，追施二氧化碳气肥。浇水要根据土壤墒情、植株长势等因素确定，一般晴天上午浇水，阴天不浇，最好采用膜下浇暗水，不浇明水。

④植株调整　当嫁接黄瓜苗长至30厘米高时，用绳子吊蔓，以后及时绕蔓，同时摘掉卷须。一般7～8节以下不留瓜，以促进植株生长健壮。及时采摘根瓜，防止坠秧。当植株长至2米左右时，及时摘除下部老叶、黄叶、病叶，然后落蔓，落蔓后植株高度保持在1.7～2米，每株保证有功能叶25片左右，同时防止和减少连续节间坐瓜而导致化瓜。注意观察植株长势，搞好病虫测报，把病虫害消灭在发生初期。

（4）结瓜后期　此期管理的重点是防止营养生长衰弱，延长结瓜期，增加后期产量，保证黄瓜品质。

3月份至5月中旬中午前后室温控制在28℃～32℃、

下午 28℃～24℃、夜间 18℃～14℃，通风时间由中午前后到全天通风。5月中旬以后，揭去草苫，撩起前窗棚膜，大开天窗全天通风，逐渐使室内温度基本与外界自然温度相同。

结瓜后期植株长势减弱，根系吸收能力降低，在肥水供应上要少施多施，地面冲施与叶面喷施结合，一般每7～8天浇水追肥1次，追肥以氮肥、钾肥为主，喷施含有氨基酸和多种微量元素的叶面肥，追施量为结瓜中期追施量的一半。

因黄瓜蔓长叶多，田间郁闭，要及时进行植株调整，改善植株间光照条件。一般每株保持20～30片功能叶，而且要均匀分布，使中层和下层叶片能有良好的光照。结瓜后期植株抗病能力降低，易发多种病虫害，应及时防治。

4. 温室二氧化碳施肥技术

黄瓜生长旺盛期需要大量的二氧化碳进行光合作用，但日光温室相对密闭，室内二氧化碳不能充分满足黄瓜光合作用的需要。经多地试验证明，补充二氧化碳可以提高黄瓜产量。补充二氧化碳的方法很多，如燃烧液化石油汽、盐酸石灰石法、硝酸石灰石法等，最实用的方法有秸秆生物反应堆技术和碳酸氢铵与硫酸反应技术。

（1）秸秆生物反应堆技术的应用　秸秆生物反应堆技术是将秸秆转化为二氧化碳、热量、矿质元素、有机质等的一项实用技术。该项技术可使温室内二氧化碳浓度增加4～6倍，在同样光照强度条件下，能极大地提高光合效率。

秸秆生物反应堆建造，一般在定植前20天进行。每667米²温室需用秸秆4 500千克（玉米秸、小麦秸、树叶、向日葵秆均可使用）、食草动物粪便（牛、马、羊等粪）4～5米³、饼肥100～150千克、生物菌种8～10千克。

菌种在使用前先进行处理，菌种1千克、麦麸20千克，加水18升，混合均匀，当手握成团一松即散时即可堆积，一般堆积4～5小时即可使用。定植前20天在小行（种植行）开沟，沟宽60～80厘米，沟深20厘米，沟长与行长相等。将起土分放两边，接着填秸秆厚度20厘米，铺匀踏实，沟两头各露出10厘米秸秆茬不压土，以便进气。填完秸秆后，按每沟所需菌种量将菌种均匀撒在秸秆上，然后用铁锨振拍一遍，把起土回填于秸秆上、厚度15厘米，整平后做垄，最后浇水湿透秸秆。3天后在垄面上用12#钢筋打3行孔，孔距30厘米，孔深穿透秸秆层。以后每隔30～40天浇水1次，并打孔。

使用秸秆反应堆技术禁止在土壤中施用各种化肥和杀菌剂，否则会降低菌种活性。因地膜覆盖会阻碍二氧化碳的释放及氧气的进入，生产中一般不进行地膜覆盖。

（2）**碳酸氢铵与硫酸反应技术**　使用前，需先将93％～98％的浓硫酸与水按体积比1∶3配制稀释。方法是先将 3 份水放入敞口塑料桶内（禁用金属容器），再将 1 份浓硫酸沿桶壁缓慢倒入水中，随倒随搅拌，自然冷却后备用。先称取 2/3 定量的碳酸氢铵放入较大塑料容器内，将稀硫酸分次加入，经反应产生的二氧化碳即直接扩散到棚内。剩余的碳酸氢铵要徐徐加入，加入后观察是否产生气泡，若产生气泡，要酌量加入碳酸氢铵，直到不产生气泡为止。用过后的废液对水 50 倍以上，可直接作追肥用。一般每 40～50 米² 设置 1 个简易装置，按 100 米³ 空间计算，需用碳酸氢铵 350 克、浓硫酸 110 毫升。

　　黄瓜生长前期和中期均可施用，但以果实迅速膨大期施用效果最好。同时，加强肥水管理，提升温度 1℃～2℃，可以提高二氧化碳施用效果。室内二氧化碳最佳施肥时间为日出后不久，11 月份至翌年 1 月份最佳施用时间为上午 9 时，2 月份为上午 8 时，3～4 月份为上午 7 时。当室温较高需要通风降温时，应在通风前 1 小时停止施用二氧化碳；遇寒流、阴雨天，因气温低光照弱，光合效率低，一般不施用二氧化碳。

二、日光温室越冬茬黄瓜套种苦瓜栽培技术

1. 生产特点

日光温室越冬茬黄瓜套种苦瓜栽培模式，能充分利

用日光温室的优越条件，使日光温室栽培效益达最大化，有效地提高了土地产出率、资源利用率、劳动生产率，从而实现农业增效和农民增收之目的。

日光温室越冬茬黄瓜前期生长快、产量高，在翌年春末夏初由于温室内气温升高，产量和品质下降，经济效益低下；而苦瓜的生长特点是前期生长慢、后期耐高温，二者套种巧妙地利用了温室不同阶段的小气候特点，进行分阶段管理，产生了较大的经济效益。

2. 品种选择

日光温室越冬茬黄瓜套种苦瓜，黄瓜品种的选择同常规温室栽培。苦瓜栽培品种应依据当地消费习惯，选择苗期耐低温弱光、结瓜期耐高温高湿、高抗炭疽病和细菌性角斑病等多种病害的中早熟高产优质品种，如夏蕾、早优、大肉王、金船 8 号、宝绿、玛雅 018、绿剑、沃特、中绿等。

3. 种植期的确定

越冬茬黄瓜从播种育苗至结瓜初盛期约需 90 天，12 月上中旬至春节是黄瓜价格较高的时期，因此 9 月上中旬为越冬茬黄瓜的适宜播种育苗期。苦瓜在播种后 180～200 天进入结瓜初盛期（孙蔓结瓜），5 月上中旬是苦瓜价格相对较高的时期，同时考虑到越冬黄瓜生产，应确定上年的 10 月中下旬为越夏苦瓜的适宜播种期。日光温室越冬茬黄瓜套种苦瓜茬口安排如表 6-1 所示。

表 6-1　日光温室越冬茬黄瓜套种苦瓜茬口安排

茬次	播种育苗期	育苗方式	定植（播种）期	定植密度	始收期	终收期
越冬黄瓜	9月上中旬	嫁接育苗	10月上中旬	40厘米×30～35厘米	12月上中旬	翌年5月上中旬
越夏苦瓜	10月中下旬	浸种直播	10月中下旬	2～3米×60厘米	翌年5月上中旬	8月上旬

4．整地施肥与定植

　　为保障黄瓜和苦瓜的产量，必须施足基肥。定植前结合整地每 667 米² 施腐熟有机肥 4 000 千克、尿素 30 千克、磷酸氢二铵 50 千克、硫酸钾 50 千克，深翻土地，使肥土充分混合。地整平后南北向做畦垄，大小行起垄种植，畦垄高 20～30 厘米，畦距 120 厘米，畦间沟呈 U 形，沟宽 40 厘米，畦面呈弓形。每畦定植 2 行，在畦面上按小行距 40 厘米，开宽 15 厘米左右、深 8～10 厘米的浅沟，顺沟浇水后待定植。

　　按株距 30～35 厘米将黄瓜苗定植在畦垄上，注意使嫁接口高于畦面。然后覆盖宽 130 厘米的银白色地膜，破膜放苗，并用土封严膜口。每 667 米² 栽植黄瓜 3 000～3 600 株。待黄瓜苗缓苗后，即可破膜直播苦瓜种子。播种前 2～3 天，将苦瓜种子用 55℃～60℃温水浸泡 30 分钟，再用 25℃～30℃温水浸泡 48 小时，捞出后直接点播即可。苦瓜平均行距 240 厘米、株距 60～70 厘米，即每隔 2 行黄瓜种植 1 行苦瓜，在畦内每隔 2 株种植 1 株苦瓜，每 667 米² 种植苦瓜 400～450 株。一般每穴播 3 粒种子，覆土厚 2～2.5 厘米。出苗 10 天后间苗，每穴只选留 1 株壮苗。

5. 苦瓜田间管理

越冬茬日光温室黄瓜套种苦瓜，既要管理黄瓜，又要管理苦瓜。一般从定植到翌年 3 月份以黄瓜管理为主，此期苦瓜只需简单的吊蔓、落蔓、整枝、防病等，不需要其他管理。3 月份之后加强苦瓜管理，主要管理措施有以下几项。

（1）**整枝架蔓** 从定植到翌年 4 月初，要及时将苦瓜秧蔓盘绕在吊绳上，高度以不超过黄瓜秧蔓为宜。在 4 月初，将原来吊架黄瓜的顺行铁丝和吊绳保留，并于吊绳中部再架设一道顺行铁丝，形成一垄双行壁式架。苦瓜可采用两种整枝方法：一种方法是当主蔓长 1 米时摘心，促使侧蔓发生；选留基部粗壮的侧蔓 2～3 条，当侧蔓及各级孙蔓着生雌花后摘心，以增加前期产量。另一种方法是保留主蔓，将基部 33 厘米以下侧蔓摘除，促使主蔓和上部子蔓结瓜。同时，及时引新蔓，防止越架攀缘；及时摘去多余的卷须和叶龄 45 天以上的老叶，抹去多余的腋芽，去除已衰败的枝蔓，合理调整新蔓的分布。各级侧枝如出现 2 朵雌花，应去掉第一朵雌花，保留第二朵雌花。4 月中旬以后，当苦瓜孙蔓雌花开放时，套种苦瓜的行应逐渐间拔黄瓜秧。

（2）**人工授粉**　苦瓜为异花授粉作物，以昆虫传粉为主。温室环境密闭，昆虫极少，难以授粉，生产中应采用人工辅助授粉方法，以提高坐瓜率。方法是每天于上午9时后摘取当日开放的雄花对雌花进行人工授粉，一般1朵雄花能授3～4朵雌花，授粉后20天左右即可采摘苦瓜。

（3）**肥水管理**　由于温室苦瓜生长期长达8～10个月，采瓜期长达4个月左右，因此在施足基肥和培育壮苗基础上应及时追肥。结瓜期每7～10天追肥1次，每次每667米^{2}施硝酸钾10～15千克，辅以三元复合肥，少施或不施氮肥。浇水不可过多，保持畦面湿润即可，以免沤根。

（4）**温度管理**　苦瓜开花结瓜的适宜温度为20℃～30℃，能耐30℃以上高温。进入4月份，温室内夜间保温，白天则要逐渐加大通风排湿降温，室温达到33℃时开始通风，下午室内温度降至22℃～24℃时关闭通风口。5月份以后，在改善光照条件的同时，通风降温排湿是主要工作，尤其要加大夜间通风量，使室内白天气温不高于35℃，夜间温度不高于27℃，昼夜温差不小于8℃。当夜间外界气温稳定在15℃以上时，可昼夜通风。

（5）**病虫害防治**　越夏苦瓜常发生细菌性角斑病、叶枯病、炭疽病、蔓枯病、白粉病、菌核病、灰霉病等病害，可用21%过氧乙酸乳油600～800倍液喷雾防治。害虫主要有白粉虱、蓟马、美洲斑潜蝇等，在设置防虫网的同时，温室内发现害虫可用10%吡虫啉乳油4 000～5 000倍液喷雾防治。

第七章
黄瓜病虫害防治

　　黄瓜病虫害具有易发生、蔓延快、危害重的特点，如果不及时进行防治，会造成严重的损失。黄瓜病虫害无公害综合防治，要遵循"预防为主，综合防治"的原则，把农业防治、生物防治和化学防治有机结合，创造适宜于黄瓜生长，而不利于病虫害发生的环境条件，达到消灭或减轻病虫危害的目的。目前，黄瓜病虫害无公害防治，一方面是推广和应用生物制剂农药，另一方面是合理施用化学农药。化学防治与绿色食品要求虽然有所冲突，但由于保护地的独特栽培环境，温湿度控制稍有不当即可造成病虫害的发生和蔓延，甚至会造成毁灭性损失。因此，生产中化学防治仍具有其他措施不可替代的优势。化学防治的关键是"对症下药"，选择对路的农药产品，掌握最佳用药量和用药时期，采用科学的施药方法，并做到交替轮换用药，防止产生抗药性，以达到安全有效的防治效果。同时，注意农药的安全间隔期，严禁施用高毒、高残留农药，以达到无公害栽培的要求。

一、综合防治措施

1. 轮作换茬

黄瓜不宜连作，与非瓜类蔬菜进行3～4年轮作，可有效预防黄瓜疫病、枯萎病、细菌性角斑病等病害的发生。

2. 选用抗病品种

根据各地气候等环境条件和栽培技术，针对黄瓜主要病害，选用不同的抗病品种。目前，黄瓜单一抗性抗病品种较多，兼抗多种病害的品种则较少，因此在生产中还应注意防治其他病害。

3. 种子处理

黄瓜种子可传播根腐病、炭疽病、黑星病、蔓枯病、疫病、细菌性病害等多种病害。因此，播种前采用温汤浸种、干热灭菌、药剂浸种等方法可以杀死大部分土传真菌、细菌和病毒。

4. 土壤消毒

（1）**苗床土消毒**　育苗时应选用无菌床土，为防止土传病害侵染瓜苗，应在播种前15天每平方米苗床用40%甲醛30～50毫升稀释成100倍液喷洒，然后用塑料膜将床土盖严，闷10天后揭膜，再晾晒10天左右播种。也可用50%多菌灵可湿性粉剂与50%福美双可湿性粉剂按1:1的比例混合，每平方米苗床用药8～10克，拌细土15～30千克做成药土，播种时1/3铺在苗床，2/3盖在种子上面。对曾经用过的育苗器具，使用前应用0.1%高锰酸钾溶液消毒。此外，苗床土暴晒也能起到预防土传病害的作用。对苗床土进行高温发酵消毒可杀死病原菌、虫卵、草籽等。具体方法见黄瓜育苗部分苗床土消毒相关内容。

（2）**土壤消毒**　在夏季保护地闲置时，将麦秸、稻草等作物秸秆切碎后均匀地撒铺于地面，每667米²用量为1 000千克左右。然后进行翻耕、大水沉积、扣膜闷棚15天左右，可有效杀死黄瓜枯萎病菌和线虫等土传病原菌。同时，有利于土壤中硝酸盐、亚硝酸盐等有害物质沉积。生产中为防止肥料带菌，应使用充分发酵腐熟的有机肥。

5. 加强田间管理

采取高垄栽培或地膜覆盖栽培，浇灌应少量多次。加强通风透光和中耕除草，促进根系发育，增强植株抗病能力。及时摘除病叶、清除病残体并带出棚室集中烧毁，以减少再侵染。合理施肥，以有机肥为主，化肥为辅；以多元复合肥为主，单元素肥料为辅；以施基肥为主，追肥为辅；尽量少用化肥和叶面喷肥。化肥应深施早施，并配施生物氮肥，增施磷、钾肥，从而减少黄瓜产品中硝酸盐、亚硝酸盐及有害物质的积累。

6. 采用生态防治

黄瓜春季栽培，在棚室温度白天保持28℃～32℃，最高温度不超35℃，空气相对湿度保持60%～70%的条件下，有利于黄瓜进行光合作用，而不利于病菌的萌发和侵染。具体调控方法：日出后充分利用阳光闭棚增温，室温超过28℃时，开始通风；超过32℃时，加大通风量；温度最高不能超过35℃。下午大通风，把棚室温度降至20℃～25℃，空气相对湿度降至60%左右。在此条件下虽然温度适于病菌的萌发，但湿度可以抑制病菌的萌发和侵染。进入夜间以后，棚室温度逐渐下降，湿度逐渐上升，空气相对湿度达到85%～90%时，叶缘开始出现水滴；空气相对湿度超过95%时，在叶片上形成水膜，此时将棚室温度控制在13℃以下可有效控制病害。

二、生理性病害及防治

1. 花打顶

所谓"花打顶"，就是在黄瓜苗期至结瓜初期植株顶端不形成心叶而是出现花抱头的现象。生长点形成雌花和雄花的花簇，植株停止生长，严重影响黄瓜产量和品质。

（1）**发生原因** 导致"花打顶"的原因主要有4个方面：一是干旱。定植后控水蹲苗过度，苗期水分管理不当，造成土壤干旱、地温高，幼苗新叶没有发出来，导致"花打顶"。二是肥害。定植时穴施或沟施有机肥量太大，或肥料未腐熟或肥料与土壤没有充分混匀，或一次施用化肥过多（尤其是过磷酸钙），如果浇水不及时，土壤含盐量过高导致土壤溶液浓度升高，根系吸收能力减弱，使幼苗长期处于生理干旱状态，也会导致"花打顶"。三是低温。低温寡照天气或棚室温度调控不合理，白天 10℃ 以下低温持续时间长，光合作用制造的养分不能及时输送到其他部分而积累在叶片中，使叶片浓绿皱缩，光合作用急剧下降，而形成"花打顶"。四是伤根。当土壤温度低于 10℃、土壤相对湿度高于 75% 时，易造成沤根；定植时土壤有机肥过量，土壤相对湿度低于65%，易造成烧根；分苗时伤根长期得不到恢复，植株营养不良等，均易造成"花打顶"。

（2）**防治方法**　"花打顶"是生殖生长旺盛的一种表现，发生后首先要分析形成的原因，针对成因采取不同的防治方法。可通过摘除雌花，叶面喷施 0.2% 磷酸二氢钾溶液，或 20 毫克 / 千克赤霉素溶液，促进营养生长。对于干旱或肥害引起花打顶的，应及时浇水，解除旱情，稀释土壤溶液浓度。低温引起的"花打顶"，浇大水后密闭温室，保持湿度，提高温度，一般 7～10 天即可基本恢复正常。另外，中耕时要尽量避免损伤根系。

2. 化　瓜

正常的化瓜是植株本身自我调节的结果，若坐瓜很少，雌花大量化掉，则是一种生理性病害。

（1）**发生原因**　主要原因是养分不足、温度低、光照少。有时采收过于频繁，茎叶营养生长过旺，幼瓜营养不足，也易引起化瓜。

（2）**防治方法**　生产上可采取增加浇水量与施肥量、叶面喷肥、增强光照、调控棚室温度等措施减少化瓜。结瓜期叶面喷施1%磷酸二氢钾＋0.4%葡萄糖＋0.4%尿素混合液，促进瓜条生长，防止化瓜。定植时，在行间埋入或平铺玉米秸，可提高地温，防止因低温化瓜。对由于采收过频而造成化瓜的，应注意采收标准，既要及时采收，又要让植株上保存有旺盛生长的嫩瓜，使营养生长和生殖生长协调发展。对采收不及时坠秧，引起生长失调而造成化瓜的，应按采收标准及时采收，并及时摘除畸形瓜和过密的瓜。对品种单性结实能力差而引起的化瓜，应采取人工授粉、室内放蜜蜂传粉等方法，防止化瓜。

3.　畸　形　瓜

畸形瓜是黄瓜果实不同部位膨大速度不一致而造成的。

（1）**尖嘴瓜**　某些单性结实的品种，在生长开花期如果温度过低，易出现授粉困难而造成尖嘴瓜。土壤湿度过大，植株生长衰弱，营养供应不足，也会出现尖嘴瓜。可在开花初期采取人工辅助授粉或放蜜蜂的方法促进授粉受精。持续高温、干旱，土壤缺肥或肥料过多，妨碍根系吸收养分和水分，使植株生长衰弱而出现尖嘴瓜，应及时追施氮肥。

（2）**大肚瓜**　产生大肚瓜的原因，是由于受精不完全造成的，应创造良好的授粉条件；是养分供应不均衡，植株缺钾而氮肥过量造成的，应增施钾肥或草木灰等，或用0.3%磷酸二氢钾溶液叶面喷肥；是结瓜前期干旱，而后期水分充足造成的，应注意均衡供水。

（3）**蜂腰瓜**　黄瓜授粉不完全，当水分养分适宜时授粉受精产生种子；当水分养分供应失调时授粉则不能受精，也就不能产生种子。果实内有种子处发育正常，没有种子处发育不好，就形成蜂腰瓜。防治方法是加强营养，特别是坐瓜期要加大肥水供应，保证瓜条有充足的养分积累。

（4）**弯曲瓜**　黄瓜长果型品种易形成弯曲瓜，严重时不具备商品价值。生理原因多与营养不良、植株细弱有关，尤其在高温或昼夜温差过大、过小，光照少的条件下易发生；有时水分供应不当，如结瓜前期水分正常，后期水分供应不足，或病虫危害等，均可形成弯曲瓜。防治方法是加强肥水供应，注重温度、光照的调控和病虫害防治，确保植株营养充足、生长旺盛。

4. **叶片泡泡病**

黄瓜生长期间，叶片和叶脉之间的叶肉隆起，似"蛤蟆皮"，有时在隆起泡泡的顶部出现水渍状斑点，几天后变成白色小斑点，使叶片过早老化，降低了光合能力。出现泡泡病的主要原因是夜间温度过低，叶片光合作用制造的有机物质难于外运而导致的。预防的方法是注意提高夜温，尤其是前半夜的温度。下午当棚室内气温降低至20℃左右时注意盖棚膜保温，在秋季还应加盖草苫保温，以保证前半夜的相对高温，使叶片内的营养正常运转。

5. 叶灼病

一般发生在植株的中上部叶片上，在叶面上出现白色小斑块，病斑呈不规则形或多角形，扩大后呈白色斑块。轻的仅叶片边缘灼焦，重的半片叶以上至全叶灼伤。当棚室内空气相对湿度低于80%，遇有40℃左右高温时，会造成高温伤害。中午不通风，或通风量不够，或高温闷棚时间过长等均易产生叶灼病。防治方法：加强管理，棚温超过35℃要立即通风降温，也可以采用盖草苫进行遮光降温。②在高温闷棚防治霜霉病时，要严格掌握闷棚的时间和温度，如果土壤湿度小，可以在闷棚的前1天浇水，以免黄瓜叶灼病的发生。

三、侵染性病害及防治

1. 猝倒病

（1）危害症状　猝倒病俗称"掉苗"、"卡脖子"、"小脚瘟"等，是早春季节黄瓜育苗时经常发生的一种苗期病害。出土不久的幼苗最易发病，发病后常造成幼苗成片倒伏、死亡，重者甚至毁灭全床。

（2）**发生规律** 育苗期出现低温、高湿条件，利于发病。该病主要在幼苗长出1～2片真叶期发生，3片真叶后，发病较少。

（3）**防治方法** 发病初期，立即拔除发病植株，并用72.2%霜霉威水剂500～800倍液，或12%松脂酸铜乳油600倍液，或80%代森锰锌可湿性粉剂600倍液，或64%噁霜·锰锌可湿性粉剂500～600倍液喷洒，每隔7天喷1次，连喷2～3次。对成片死苗的地方，可用72.2%霜霉威水剂400倍液，或55%甲霜灵可湿性粉剂350倍液，或97%噁霉灵可湿性粉剂3 000～4 000倍液灌根，每7天1次，连续灌根2～3次。

2. 立 枯 病

（1）**危害症状** 主要危害秧苗茎基部，多在育苗中后期苗床温度较高时发生，危害幼苗及大苗。发病初期在幼苗茎基部出现椭圆形或不规则形暗褐色病斑，有的病苗白天萎蔫，夜间恢复，病斑逐渐凹陷。湿度大时可看到淡褐色蛛丝霉，但不显著。病斑扩大后可绕茎一周，甚至造成木质部外露，最后病部收缩干枯，叶片萎蔫不再恢复原状，幼苗干枯死亡。地下根部皮层变褐色或腐烂，但不易折倒。识别特征是病苗直立枯死，不倒伏，拔起病苗时，立枯病有淡褐色蛛丝霉。

（2）**发生规律** 温暖多湿、播种过密、浇水过多等造成床内闷湿，不利于幼苗生长，易发病。多在育苗后期发生（4片真叶以上）。

（3）**防治方法** ①育苗播种时每平方米苗床用50%多菌灵可湿性粉剂10克，拌细土12～15千克，做成药土下铺上盖。②发病后喷洒铜铵合剂（用硫酸铜和碳酸氢铵1∶5.5的比例，研成细末混匀密闭24小时）400倍液，或70%代森锰锌可湿性粉剂500倍液，或75%百菌清可湿性粉剂600倍液，或25%甲霜灵可湿性粉剂1 000倍液，或64%噁霜·锰锌可湿性粉剂500倍液，或70%敌磺钠可溶性粉剂1 000倍液，或15%噁霉灵水剂450倍液，或20%甲基立枯磷乳油1 200倍液，或72.2%霜霉威水剂400倍液。湿度过大时可撒干土或草木灰吸湿。

（4）**立枯病与猝倒病的区别**　一是发生时间不同，立枯病一般在幼苗生长一段时间后发生；猝倒病多发生在幼苗前期，以刚出土的幼苗发病较多。二是病状不同，立枯病发病后产生暗褐色病斑，逐渐凹陷，病部缢缩，绕茎一周时植株站立枯死，病程较长。猝倒病在幼苗出土前可引起烂种，出土后病根或茎基部产生水渍状病斑，幼叶尚为绿色时，幼苗即萎蔫猝倒死亡，病程较短。三是病征不同，湿度大时拔起病苗，立枯病部可见浅褐色蛛丝网状霉，猝倒病为白色絮状物。

3. 灰 霉 病

（1）**危害症状**　灰霉病主要危害黄瓜的花、幼瓜、叶片及茎部。花发病初期，呈水渍状，继而腐烂，并密生霉层，引起落花。幼瓜发病先从脐部开始，病部呈水渍状后变黄产生灰色霉层。当病花或病瓜落在正常叶片或接触到正常叶和幼瓜时，便引起发病。叶片受害时，边缘产生明显的大病斑，圆形或不规则形。茎部发病则引起茎腐，严重时植株折断枯死。

（2）**发生规律**　病菌以菌丝体、分生孢子或菌核在病残体上，或残留在土壤中越冬，翌年随气流、雨水、农事操作等传播蔓延。气温低而湿度较大时，灰霉病发生严重，是棚室黄瓜的重要病害。

（3）**防治方法**　控制棚室温度，尽量使温度保持25℃～30℃。阴天不浇水，提倡膜下灌小水的方式给水，晴天中耕浅锄散湿。发生灰霉病后及时摘除病瓜，带出室外深埋，拉秧后烧毁病残体。发病初期交替选用50%腐霉利可湿性粉剂1500倍液，或65%甲硫·乙霉威可湿性粉剂1000倍液，或40%甲基嘧菌胺悬浮剂800～1000倍液，或60%多菌灵超微粉600倍液，或50%甲基硫菌灵可湿性粉剂或70%代森锰锌可湿性粉剂或50%多菌灵可湿性粉剂500倍液喷雾，每隔7天1次，连喷2～3次。还可每667米^{2}用45%百菌清烟剂250克熏烟，或在傍晚每667米^{2}用5%百菌清粉尘剂1千克喷撒，每隔7～10天用1次，连续或与其他药物交替施用2～3次。

4. **霜　霉　病**

（1）**危害症状**　幼苗发病后，子叶出现不规则黄化现象，真叶期发病多在叶缘或叶的局部出现水渍状小斑，很快由黄绿色变成黄色大斑。成株期主要危害叶片，偶尔也危害茎、花梗。发病初期叶正面出现黄色小斑点，扩大时受叶脉限制而呈多角形淡褐色病斑，叶背产生紫灰色霉层。严重时由于病斑多、扩展快、病斑相互融合，造成叶片提早焦枯死亡。

（2）**发生规律**　由于真菌感染而引起的病害。发病原因是空气湿度和昼夜温差大。

（3）**防治方法**

①高温闷棚　闷棚前1天选用72%琥铜·甲霜灵可湿性粉剂800倍液喷雾，再浇水。第二天上午逐步密闭棚室，使黄瓜生长点温度稳定在45℃达到半小时，然后慢慢降温。1～2天后肥水紧促，并摘除老叶、病叶。闷1次棚，可控制10天病情，之后视病情酌情进行。

②药剂防治　每667米^{2}用45%百菌清烟剂200～250克，放4～5处，点燃熏1夜，每7天1次，连续施用3次。每667米^{2}用5%百菌清粉尘剂1千克喷撒，隔9～11天喷1次，连续施用3次。发病初喷洒72.2%霜霉威水剂800倍液，或75%百菌清可湿性粉剂600倍液，或25%甲霜灵可湿性粉剂750倍液，或40%三乙膦酸铝可湿性粉剂300～400倍液。严格按间隔时间施药，并要交替使用药剂。

5. 细菌性角斑病

（1）**危害症状**　叶片和果实均可受害。子叶受害后出现水渍状近圆形凹斑，渐变为黄褐色。真叶感病后呈淡绿色水渍状斑点，后受叶脉限制形成多角形黄斑，潮湿时病斑周围一圈呈水渍状，并产生菌脓。干燥时病斑枯裂穿孔。

（2）**发生规律**　由细菌感染而引起的病害。低温高湿或潮湿多雨是发病的主要条件。

（3）**防治方法**　播种育苗前进行种子消毒。发病初期及时喷药，可选用90%新植霉素可溶性粉剂4000倍液，或72%硫酸链霉素可溶性粉剂4000倍液，或高锰酸钾800～1000倍液，每7～10天喷1次，连喷2～3次。

6. 白粉病

（1）**危害症状**　植株地上各部分均可受害，以叶、蔓受害为主。初期叶片两面出现白色近圆形小粉斑，后扩展成边缘不明显的大片白粉区，最后病组织变褐、干枯，严重时叶片枯萎。有的在白粉中产生黑色小颗粒。

（2）**发生规律**　由真菌感染而引起的病害。发病条件是高温高湿和高温干旱的环境条件。

（3）**防治方法**　可选用2%嘧啶核苷类抗菌素水剂或2%武夷菌素水剂150倍液，或70%甲基硫菌灵可湿性粉剂600～1000倍液，或40%硫磺·多菌灵悬浮剂500倍液，或50%硫磺悬浮剂200倍液，或40%氟硅唑乳油8000～10000倍液，或25%丙环唑乳油4000倍液喷施防治。注意棚室黄瓜病害防治不能使用三唑酮药剂，以免发生药害。

7. 枯 萎 病

（1）**危害症状** 受害植株萎蔫，开始早、晚恢复正常，数天后萎蔫严重，不能恢复，最后萎蔫枯死。潮湿时，有的病株茎基部半边纵裂，有树脂状胶质物流出，或有粉红色的霉状物。识别枯萎病最简单的方法是剖开根、茎部的导管，可见其维管束变黑褐色。

（2）**发生规律** 由尖镰孢菌黄瓜专化型病菌引起的真菌性病害。黄瓜重茬地、施用生粪、氮肥过多、土壤水分忽高忽低，以及线虫、地下害虫危害的地块发病重。通风不良、地温高的日光温室和塑料大棚发病重。

（3）**防治方法** 发病初期用药剂灌根，可用50%多菌灵可湿性粉剂或70%敌磺钠可溶性粉剂或50%甲基硫菌灵可湿性粉剂400倍液，或高锰酸钾1 000倍液灌根。每株灌200～250毫升，7～10天1次，连续2～3次。

8. 黄瓜疫病

（1）**危害症状** 主要危害植株茎基部、叶及果实。幼苗受害多从嫩尖染病，初为暗绿色水渍状萎蔫腐烂，病部明显缢缩，病部以上的叶片渐渐枯萎，造成干枯秃尖。叶片发病，出现圆形的暗绿色水渍状病斑，潮湿时病斑很快扩展成大斑，边缘不明显，全叶腐烂。成株期发病，多从嫩枝、侧枝、茎基部发病，病部水渍状暗绿色，明显缢缩并腐烂，病部以上茎叶枯死，病茎维管束不变色。黄瓜疫病与枯萎病的区别是疫病茎基部维管束不变色，在后期病部长出稀疏灰白色霉层，而不是白色或粉红色霉层。

（2）**发生规律** 该病为真菌性病害。疫病的发生流行与小气候有密切关系，高温高湿利于病菌的发生发展，发病温度为5℃～37℃，适宜温度为28℃～32℃。在适宜温度范围内，重茬地、连阴雨天、浇水过勤、湿度大、排水不良、土质黏重、施用未腐熟有机肥等，均易引起该病的发生。

（3）**防治方法** 发病初期可选用64%噁霜·锰锌可湿性粉剂500～600倍液，或90%三乙膦酸铝可湿性粉剂700～800倍液，或75%百菌清可湿性粉剂600倍液喷雾。也可用25%甲霜灵可湿性粉剂＋40%福美双可湿性粉剂（1∶1）800倍液灌根，每株灌250毫升，每10～15天灌根1次，连灌3～4次。

9. 黄瓜黑星病

（1）**危害症状** 全生育期均可发病，叶、茎、瓜均可受害。幼苗发病时子叶出现黄白色近圆形病斑，幼苗停止生长，严重时心叶枯萎，全株死亡。叶片发病，初为湿润状淡黄色圆形斑，后病斑易发生星状开裂穿孔。叶柄、瓜蔓及瓜柄受害，出现淡黄褐色大小不等的长梭形病斑，中间开裂下陷；病部可见到白色分泌物，后变成琥珀色胶状物，潮湿时病斑上长出灰黑色霉层。黄瓜黑星病与细菌性角斑病的主要区别是细菌性角斑病植株叶片上的病斑受叶脉限制呈多角形，叶脉不受害，病叶不扭曲，病斑后期穿孔而不是星状开裂。

（2）**发生规律**　棚室栽培重茬时间较长，种植密度过大，植株徒长，通风透光不良，连阴雨时间较长等发病较重。

（3）**防治方法**　播种前进行种子处理，防止种子传播病害。发病初期可选用40%氟硅唑乳油8 000倍液，或75%百菌清可湿性粉剂600倍液，或50%异菌脲可湿性粉剂1 500倍液喷雾。喷药要均匀周到，幼嫩部分及生长点要喷到，每5～7天喷药1次，连续防治3～4次。也可每667米²每次用45%百菌清烟剂250克熏烟，连续熏3～4次。

10. 黄瓜菌核病

（1）**危害症状**　主要危害茎和果实，多发生在茎基部和主、侧枝分杈处。发病初产生淡绿色水渍状病斑，扩大后呈淡褐色，病部表面着生白色菌丝，茎秆内部生有黑色菌核，病部以上枝叶萎蔫枯死。果实染病多从瓜头发病，初呈水渍状腐烂，表面长满白色菌丝及黑色菌核。叶片发病为灰色至淡褐色圆形病斑，边缘不明显，病部湿腐、有稀疏的霉层。苗期发病幼茎基部出现水渍状病斑，并很快绕茎一周，造成幼苗猝倒。

（2）**发生规律**　该病为核盘菌侵染的真菌性病害。低温高湿有利于病害的发生与流行。保护地栽培，连作时间长、通风不及时、湿度大的地块发病重，通风早、通风量大、湿度小、光照足的发病轻。

（3）**防治方法**　加强通风透光，防止温度偏低、湿度过大的现象出现。发病初期选用50%腐霉利可湿性粉剂1 500倍液，或40%菌核净可湿性粉剂1 000倍液，或50%乙烯菌核利可湿性粉剂1 000倍液，或50%异菌脲可湿性粉剂1 000倍液喷雾。也可每667米^{2}每次用10%腐霉利烟剂或45%百菌清烟剂250克熏烟防治。每10天用药1次，连续防治3～4次。

11. 黄瓜靶斑病

（1）**危害症状**　在黄瓜生长的中后期发生，主要危害叶片，严重时可蔓延至叶柄和茎蔓。发病初期为黄色水渍状斑点，扩展后病斑呈现近圆形或稍不规则形，有时受叶脉限制，呈多角形。病斑外围颜色稍深、黄褐色，中央稍浅、灰白色或灰褐色或淡黄色，病健交界部明显。发病中期病斑扩大为圆形或不规则形，易穿孔。发病后期病斑扩大，中央有一明显的眼状靶心。

（2）**发生规律**　病原属半知菌瓜棒孢霉真菌。病菌以分生孢子丛或菌丝体随病残体在土中越冬，还可以厚垣孢子和菌核越冬。温暖、高湿有利于发病，发病温度为20℃～30℃，空气相对湿度为90%以上。黄瓜生长中后期高温高湿，或阴雨天较多、长时间闷棚、昼夜温差过大等均有利于发病。

（3）**防治方法**　播前种子消毒，用55℃温水浸种10～15分钟，或用50%多菌灵可湿性粉剂500倍液浸种1小时。黄瓜生长发育中期可喷施75%百菌清可湿性粉剂600倍液预防。发病后可选用250克/升嘧菌酯悬浮剂1000～2000倍液，或25%咪鲜胺乳油1500倍液，或40%腈菌唑乳油3000倍液，或43%戊唑醇悬浮剂3000倍液，或50%腐霉利可湿性粉剂1000倍液，或42.8%氟菌·肟菌酯悬浮剂3000倍液喷施防治，每隔7～10天喷1次，连喷2～3次。药剂交替使用，并按照安全间隔期进行。

四、虫害及防治

1. 美洲斑潜蝇

（1）**危害特点**　成虫为体长2～2.5毫米的蝇子，背黑色，主要吸食叶片汁液，造成近圆形刻点状凹陷。幼虫为无头蛆，乳白色至鹅黄色，在叶片的上下表皮之间蛀食，造成弯弯曲曲的隧道，隧道相互交叉，逐渐连成一片，导致叶片光合能力锐减，过早脱落或枯死。

（2）**防治方法**　美洲斑潜蝇有2个发生盛期，即5月中旬至6月份和9月份至10月中旬。在成虫始盛期至盛末期，每667米²均匀放置15张诱蝇纸诱杀成虫，每隔3～4天更换1次。在幼虫二龄前用2%阿维菌素乳油2000倍液喷雾防治。

2. 白粉虱

又名小白蛾，在全国各地均有发生。

（1）**危害特点** 主要群集在叶片背面危害，以刺吸式口器吮吸植株的汁液。被害叶片褪绿、变黄，植株长势衰弱、萎蔫。成虫和若虫分泌的蜜露，堆积在叶片和果实上，易发生煤污病，影响光合作用，降低果实的商品性。白粉虱还可传播病毒病。

（2）**防治方法**

①黄板诱杀 利用白粉虱的趋黄性，在田间吊挂黄板，在板上涂 10 号机油（加入少量黄油）。每 667 米^{2}设置 30～40 块，诱杀成虫效果较好。黄板吊挂高度与植株高度相平，每隔 7～10 天涂 1 次机油。

②喷药防治 可用 25% 噻嗪酮可湿性粉剂 2 500 倍液，或 25% 灭螨猛乳油 1 200 倍液，或 10% 联苯菊酯乳油或 2.5% 溴氰菊酯乳油 3 000 倍液，或 20% 氰戊菊酯乳油 2 000 倍液，或高效氯氟氰菊酯乳油 3 000 倍液喷洒，每隔 1 次，连喷 3～4 次，不同药剂应交替使用，以免害虫产生抗药性。喷药要在早晨或傍晚时进行，此时白粉虱的迁飞能力较差、防效好。喷药时要先喷叶片正面再喷叶片背面，使迁飞的白粉虱落到叶表面时也能触到药液而死。

③熏烟防治 棚室栽培采用熏烟法防治省工省力，效果更好。傍晚密闭棚室，然后每 667 米^{2}用 80% 敌敌畏乳油 250 克掺锯末 2 千克熏烟，或用 1% 溴氰菊酯油剂或 2.5% 氰戊菊酯油剂用背负式机动发烟器施放烟雾，防治效果较好。

3. 蚜 虫

（1）**危害特点**　蚜虫主要发生在苗期或生长后期，隐藏在叶片背面、嫩茎及生长点周围，以刺吸式口器吸食汁液，使细胞受到破坏，叶片向背面卷曲皱缩，严重时植株停止生长，甚至全株萎蔫枯死。

（2）**防治方法**

①黄板诱杀　利用蚜虫有趋黄性的特性，在早春有翅蚜迁飞高峰期，在棚室设置黄板诱杀有翅蚜。

②驱避蚜虫　利用蚜虫忌避银灰色的特性，用银灰色薄膜铺地面避蚜。也可在棚室前沿及顶部通风口处，安装防虫网阻挡蚜虫进入棚内。

③药剂防治　选用 10% 吡虫啉可湿性粉剂 1 500 倍液，或 3% 啶虫脒乳油 1 000～3 000 倍液，或 1.8% 阿维菌素乳油 1 500～3 000 倍液，或 50% 抗蚜威可湿性粉剂 2 000 倍液喷雾防治。

4. **根结线虫**

（1）**危害特点**　主要危害植株地下根部，多发生于侧根和须根上，形成结疣状大小不等的瘤状物。根瘤外观无病征，剖检根结内部，则可见到比针头稍大的白色梨状体，为病原雌线虫体。病株地上部前期症状不明显，随着根部受害的加重，表现为叶片发黄，似缺水缺肥状，生长减缓，植株衰弱，结瓜不良；严重的遇高温表现萎蔫，以至枯死。根结线虫在我国棚室黄瓜种植区普遍发生，一般造成 20%～30% 减产，甚至绝收。

（2）**防治方法**　防治黄瓜根结线虫要以农艺管理和物理防治为主，化学药剂防治为辅。

①栽培管理　选择耐或抗线虫品种，采用嫁接育苗；与非寄主植物进行轮作，或进行休闲处理；种植茼蒿和万寿菊等作物，通过根系分泌物抑制线虫；前茬收获后及时清除病残体，将病根晒干集中烧毁或进行高温堆肥，杀灭虫卵；在线虫活动初期适当大水灌溉，创造淹水条件抑制线虫。

②物理防治　夏季休闲期结合高温闷棚，采用秸秆发酵的高温或秸秆＋石灰氮太阳能加热消毒处理。秸秆＋石灰氮太阳能加热处理应在休闲季 7 月初翻地，按每 667 米² 用石灰氮 60 千克、秸秆 600 千克施入土壤，挖沟起垄。用塑料薄膜将地表密封后进行膜下灌溉，将水灌至淹没土垄，而后密封闷棚，持续 15～20 天，定植前 1 周揭开薄膜散气。

③药剂防治　噻唑磷具有触杀和内吸双重作用，每 667 米² 用 1.5% 噻唑磷颗粒剂 1.5～2 千克，拌细土 40～50 千克，撒于土壤表面，翻耕深 20 厘米。也可每平方米用 1.8% 阿维菌素乳油 1～1.5 毫升，稀释成 2 000～3 000 倍液，全面喷施土表，再翻耕深 10～20 厘米，或将稀释药液沟施、穴施。还可在土壤温度高于 15℃后开 15～20 厘米深的沟，每 667 米² 用 35% 威百亩水剂 4～5 升，对适量的水喷于沟内，立即覆土耙平并覆膜，15 天后揭膜翻地，透气 2～3 天后即可定植。

第八章
黄瓜种植专家经验介绍

在黄瓜栽培中，因地域不同、栽培模式不同，以及品种、季节、生育期特点等方面的差异，生产中应因地制宜，灵活采取栽培技术，才能达到高产、优质、高效的目的。在长期以来的生产实践中，广大黄瓜种植者，积累了大量的成功经验，笔者予以总结和归纳，供广大读者借鉴。

一、育苗经验

1. 建议采用嫁接育苗

采用嫁接栽培，可以提高植株的抗逆性，增强抗病能力，延长生育期，从而实现增产增收。嫁接后的黄瓜长势旺盛，肥水利用率显著提高，经多地试验，嫁接黄瓜比自根苗产量可提高 15% 以上。黄瓜嫁接建议采用插接法，以防幼苗定植后接穗萌生新根，起不到嫁接效果。

2. 尽可能选用脱蜡粉品种或砧木

脱蜡粉黄瓜可显著提高品质，市场竞争力强，价格高，收益好。脱蜡粉好的黄瓜品种有津优48号、德瑞特10号等。采用脱蜡粉黄瓜砧木品种，也可达到脱蜡粉的效果，其品种有京欣6号、京欣5号、北农亮砧等。

3. 育苗期控制好浇水

黄瓜育苗期尽量不要频繁浇水，基质宜干不宜湿，以防徒长成高脚苗。阴雨天、光照不足、湿度高时，不宜浇水。浇水一般在上午进行，晚上浇水易徒长。穴盘边缘的幼苗易失水，浇水时要注意浇匀，必要时可多浇一些。定植前，应控水控湿进行炼苗，以增强幼苗抗逆性，提高定植成活率。

二、定植经验

1. 大苗定植

采用大苗定植发棵快，可提早开花结瓜。尤其是早春大棚种植，效果更明显。定植时以生理苗龄5～6片真叶且带雌花为宜。

2. 采用多层覆盖提早定植

维持较长的生育期是获得高产的保障，但由于受到塑料大棚自身性能特点的影响，生育期后延难度很大，因此提早定植是延长生育期的唯一手段。一般早春塑料大棚黄瓜栽培，较为安全的定植期为3月中下旬，采用多重覆盖可将定植期提前10～20天，生产中可采用地膜＋小拱棚＋二道幕＋棚膜4层覆盖方式。

3. 定植前熏棚

黄瓜保护地栽培时，为了杀灭室内前茬生产中的病菌，在定植前15～20天扣棚增温并进行棚室消毒，每667米^{2}可用硫磺粉2～3千克加80%敌敌畏乳油0.25千克，拌锯末分堆点燃，密封1昼夜。

4. 合理轮作

实行合理轮作，选择3～5年未种过瓜类及茄果类蔬菜的田块或棚室种植黄瓜，可有效减少枯萎病、根结线虫及白粉虱等病虫害的发生。

三、田间管理经验

1. 黄瓜专用绑蔓夹的应用

使用黄瓜专用绑蔓夹替代绑蔓和绕蔓，可以达到事半功倍的效果，其突出的优势是便于落蔓，而且解决了黄瓜生长过程中落蔓时损伤植株的难题。具体方法：用绑蔓夹绕2圈后把秧蔓夹起，待黄瓜植株生长至1.4米左右，把夹子从底部取下来定位，同时把另一头系在钢丝上。落蔓后及时打掉老叶，去掉所有卷须、雄花和长不成商品瓜的畸形瓜。该项技术操作方便、成本低，一般每株黄瓜使用2个绑蔓夹即可，夹子还可重复使用。

2. 应用膜下滴灌技术

保护地栽培时应用滴灌技术并覆盖地面，可提高地温2℃～3℃，疏松土壤，有利于根系生长。同时，在严冬季节还可减少浇水次数，降低室内空气湿度，这对减少减轻病害有重要作用。方法是在定植前，每个栽培行铺设一条滴灌管带，管带上面覆盖地膜。

3. 张挂反光幕和清洁棚膜

越冬茬黄瓜保护地栽培，为了提高室内温度和光照，可在温室后墙张挂反光幕，并注意经常清洁棚膜。方法是在11月份至翌年3月份，在温室后墙处张挂多条宽1米的反光幕。此法不仅可以明显增加室内3米内的光照强度，而且温室地温、气温平均提高3℃左右。同时，每天用拖布清除棚膜上的灰尘与草屑，增加透光率。

4. 高温季节覆盖遮阳网

自定植至9月底，晴天的9～16时覆盖遮阳网，可使棚室温度降低3℃左右，避免高温危害。黄瓜生长后期的5～6月份，选择40%遮阳网，在10～15时进行温室屋面遮阴，温室温度可降低3℃～4℃，并可减少光照强度对植株生长的抑制及伤害。

5. 浇水要依据黄瓜长势

瓜秧深绿色、叶片大小适中而有光泽、叶柄长度约为本节间长度的2倍、其夹角为45°，是水分适宜的表现，此时不宜浇水；生长点缩成一团，卷须、叶片不伸展且下垂，夹角增大，颜色浅绿，瓜条无光泽、尖顶，是缺水的表现，应及时浇水；生长点直立，叶片大而薄，卷须与叶柄的夹角变小，是水分过多的表现，应控制浇水。

6. 低温季节温水轻浇

低温季节，井水的温度较高，可利用井水在行间膜下暗灌轻浇，以利提高地温。也可在棚室内建造晒水池贮水，等水温和地温接近时再浇灌。

四、采收经验

根瓜要早摘，以免坠秧影响坐果。采摘越勤，产量越高，而且瓜蔓不容易早衰。延长黄瓜采摘期，以提高产量。同时，要摘除瓜蔓上的侧枝、卷须、雄花、老叶、病叶、畸形瓜，以减少养分的消耗。

五、病虫害防治经验

1. 坚持预防为主的原则

定植初期叶面喷施 0.136％ 蕓·吲·赤霉酸和壳聚糖等生物农药，以提高植株抵抗力。夏初，通过控制温度防治霜霉病，在晴天上午通小风，将温度控制在 30℃以上；午后通大风，将湿度尽量排出。如果有霜霉病发生，应及时用药防治，病情严重时可采用高温熏棚灭菌。全生育期棚室覆盖防虫网并悬挂黄板，防止蚜虫、白粉虱等害虫危害，并可降低病毒病的发生。进入结瓜期，每落1次蔓用药剂防治1次，可用75%百菌清可湿性粉剂700～800倍液，或80%代森锰锌可湿性粉剂600～800倍液，或2%武夷菌素水剂800～1000倍液交替喷雾预防。

2. 连阴天用药注意问题

生长中有时候阴天也需要用药剂防治病虫害，用药时应首先考虑使用烟雾剂。如果需要喷雾防治，要参考天气预报，可利用多云天气或阴天中午1～2小时的时间，在温度达到20℃时进行喷药。在利用烟剂防治蚜虫或白粉虱时，应在施药的前1天浇水，并先喷施能够解毒的叶面肥，防止瓜秧因用药而导致早衰。

附　录

NY/T 5075-2002 无公害食品
黄瓜生产技术规程

1　范　围

本标准规定了无公害食品黄瓜的产地环境要求和生产管理措施。

本标准适用于无公害食品黄瓜生产。

2　规范性引用文件

下列文件中的条款通过本标准的引用而成为本标准的条款。凡是注日期的引用文件，其随后所有的修改单（不包括勘误的内容）或修订版均不适用于本标准，然而，鼓励根据本标准达成协议的各方研究是否可使用这些文件的最新版本。

GB/4285　农药安全使用标准

GB/T 8321（所有部分）　农药合理使用准则

NY 5010　无公害食品蔬菜产地环境条件

3 产地环境

应符合 NY 5010 的规定，选择地势高燥，排灌方便，土层深厚、疏松、肥沃的地块。

4 生产技术管理

4.1 保护设施

包括日光温室、塑料棚、连栋温室、改良阳畦、温床等。

4.2 多层保温

棚室内外增设的二层以上覆盖保温措施。

4.3 栽培季节的划分

4.3.1 早春栽培

深冬定植，早春上市。

4.3.2 秋冬栽培

秋季定植，初冬上市。

4.3.3 冬春栽培

秋末定植，春节前上市。

4.3.4 春提早栽培

终霜前 30 天左右定植，初夏上市。

4.3.5 秋延后栽培

夏末初秋定植，9 月末 10 月初上市。

4.3.6 长季节栽培

采收期 8 个月以上。

4.3.7 春夏栽培

晚霜结束后定植，夏季上市。

4.3.8 夏秋栽培

夏季育苗定植，秋季上市。

4.4 品种选择

选择抗病、优质、高产、商品性好、适合市场需求的品种。冬春、早春、春提早栽培选择耐低温弱光、对病害多抗的品种；春夏、夏秋、秋冬、秋延后栽培选择高抗病毒病、耐热的品种；长季节栽培选择高抗、多抗病害，抗逆性好，连续结果能力强的品种。

4.5 育 苗

4.5.1 育苗设施选择

根据季节不同选用温室、塑料棚、阳畦、温床等育苗设施，夏秋季育苗应配有防虫、遮阳设施。有条件的可采用穴盘育苗和工厂化育苗，并对育苗设施进行消毒处理，创造适合秧苗生长发育的环境条件。

4.5.2 营养土配制

4.5.2.1 营养土要求：pH值5.5～7.5，有机质2.5%～3%，有效磷20～40毫克／千克，速效钾100～140毫克／千克，碱解氮120～150毫克／千克。孔隙度约60%，土壤疏松，保肥保水性能良好。配制好的营养土均匀铺于播种床上，厚度10厘米。

4.5.2.2 工厂化穴盘或营养钵育苗营养土配方：2份草炭加1份蛭石，以及适量的腐熟农家肥。

4.5.2.3 普通苗床或营养钵育苗营养土配方：无病虫源的田土占1/3、炉灰渣（或腐熟马粪，或草炭土，或草木灰）占 1/3，腐熟农家肥占 1/3。不宜使用未发酵的农家肥。

4.5.3 育苗床土消毒

按照种植计划准备足够的播种床。每平方米播种床用 40% 甲醛 30～50 毫升，加水 3 升，喷洒床土，或用 72.20% 霜霉威水剂 400 倍液喷洒床土，然后用塑料薄膜闷盖 3 天后揭膜，待气味散尽后播种。也可按每平方米苗床用 15～30 千克药土进行床面消毒，方法是用 50% 多菌灵可湿性粉剂＋50% 福美双可湿性粉剂（1：1）8～10 克，与 15～30 千克干细土混合均匀撒在床面。

4.5.4 种子处理

4.5.4.1 药剂浸种。用 50% 多菌灵可湿性粉剂 500 倍液浸种 1 小时，或用 40% 甲醛 300 倍液浸种 1.5 小时，捞出洗净后催芽，可防治枯萎病、黑星病。

4.5.4.2 温汤浸种。将种子用 55℃ 的温水浸种 20 分钟，用清水冲净黏液后晾干再催芽（防治黑星病、炭疽病、病毒病、菌核病）。

4.5.5 催芽

消毒后的种子浸泡 4～6 小时后捞出洗净，置于 28℃ 条件下催芽。包衣种子直播即可。

4.5.6 播种期

根据栽培季节、育苗手段和壮苗指标选择适宜的播种期。

4.5.7 种子质量

种子纯度≥95%，净度≥98%，发芽率≥95%，水分≤8%。

4.5.8 播种量

根据定植密度，每667米²栽培面积育苗用种量100～150克，直播用种量200～300克。每平方米播种床播25～30克。

4.5.9 播种方法

播种前浇足底水，湿润至深10厘米。水渗下后用营养土找平床面。种子70%破嘴后均匀撒播，播后覆盖营养土1～1.5厘米厚。每平方米苗床再用50%多菌灵可湿性粉剂8克，拌上细土均匀撒于床面上，可防治猝倒病。冬春播种育苗床面上覆盖地膜，夏秋床面覆盖遮阳网或稻草，70%幼苗顶土时撤除床面覆盖物。

4.5.10 苗期管理

4.5.10.1 温度：夏秋育苗主要靠遮阳降温。冬春育苗温度管理见附表1。

附表1 苗期温度调节表

时　　期	白天适宜温度（℃）	夜间适宜温度（℃）	最低夜温（℃）
播种至出土	25～30	16～18	15
出土至分苗	20～25	14～16	12

续附表 1

时　　　期	白天适宜温度	夜间适宜温度	最低夜温
	（℃）	（℃）	（℃）
分苗或嫁接后至缓苗	28～30	16～18	13
缓苗后至炼苗	25～28	14～16	13
定植前 5～7 天	20～23	10～12	10

4.5.10.2　光照：冬春育苗采用反光幕或补光设施等增加光照；夏秋育苗要适当遮光降温。

4.5.10.3　肥水：分苗时水要浇足，以后视育苗季节和墒情适当浇水。苗期以控水控肥为主。在秧苗 3～4 叶时，可结合苗情追施 0.3% 尿素溶液。

4.5.10.4　其他管理

4.5.10.4.1　种子拱土时撒一层过筛床土加快种壳脱落。

4.5.10.4.2　分苗：当秧苗子叶展平，真叶显现，按株行距 10 厘米分苗。最好采用直径 10 厘米营养钵分苗。

4.5.10.4.3　扩大营养面积：秧苗 2～3 叶时加大苗距。

4.5.10.4.4　炼苗：冬春育苗，定植前 1 周，白天 20℃～23℃，夜间 10℃～12℃。夏秋育苗逐渐撤去遮阳网，适当控制水分。

4.5.10.4.5　嫁接

4.5.10.4.5.1　嫁接方法：靠接法，黄瓜比南瓜早播种 2 ～ 3 天，在黄瓜有真叶显露时嫁接。插接，南瓜比黄瓜早播种 3 ～ 4 天。在南瓜子叶展平并有第一片真叶、黄瓜两子叶一心时嫁接。

4.5.10.4.5.2 嫁接苗的管理：将嫁接苗栽入直径 10 厘米的营养钵中，覆盖小拱棚避光 2 ～ 3 天，提高温湿度，以利伤口愈合。7 ～ 10 天接穗长出新叶后撤掉小拱棚，靠接要断接穗根。其他管理参见 4.5.10.1 ～ 4.5.10.4。

4.5.10.4.6 壮苗的标准：子叶完好，茎基粗，叶色浓绿，无病虫害。冬春育苗，株高 15 厘米左右，5 ～ 6 片叶。夏秋育苗，2 ～ 3 片叶，株高 15 厘米左右，苗龄 20 天左右。长季节栽培根据栽培季节选择适宜的秧苗。

4.6 定植前准备

4.6.1 整地施基肥

根据土壤肥力和目标产量确定施肥总量。磷肥全部作基肥，钾肥 2/3 作基肥，氮肥 1/3 作基肥。基肥以优质农家肥为主，2/3 撒施，1/3 沟施，按照当地种植习惯做畦。

4.6.2 棚室消毒

棚室在定植前要进行消毒，每 667 米² 设施用 80% 敌敌畏乳油 250 克拌上锯末，与 2 000 ～ 3 000 克硫磺粉混合，分 10 处点燃，密闭 1 昼夜，通风后无气味时定植。

4.7 定植

4.7.1 定植时间

10 厘米最低地温稳定通过 12℃后定植。

4.7.2　定植方法及密度

采用大小行栽培，覆盖地膜。根据品种特性、气候条件及栽培习惯，一般每 667 米^2 定植 3 000～4 000 株，长季节大型温室、大棚栽培每 667 米^2 定植 1 800～2 000 株。

4.8　田间管理

4.8.1　温度

缓苗期：白天 28℃～30℃，晚上不低于 18℃。

缓苗后采用四段变温管理：8～14 时，25℃～30℃；14～17 时，25℃～20℃；17～24 时，15℃～20℃；24 时～日出，15℃～10℃。10 厘米地温保持 15℃～25℃。

4.8.2　光照

采用透光性好的功能膜，保持膜面清洁，白天揭开保温覆盖物，日光温室后部张挂反光幕，尽量增加光照强度和时间。夏秋季节适当遮阴降温。

4.8.3　空气湿度

根据黄瓜不同生育阶段对湿度的要求和控制病害的需要，最佳空气相对湿度的调控指标为缓苗期 80%～90%、开花结瓜期 70%～85%。生产上要通过地面覆盖、滴灌或暗灌、通风排湿、温度调控等措施控制在最佳指标范围。

4.8.4　二氧化碳

冬春季节补充二氧化碳，使设施内的浓度达到 800～1 000 毫克/千克。

4.8.5 肥水管理

4.8.5.1 采用膜下滴灌或暗灌。定植后及时浇水，3～5天后浇缓苗水，根瓜坐住后，结束蹲苗，浇水追肥，冬春季节不浇明水，土壤相对湿度保持60%～70%，夏秋季节保持在75%～85%。

4.8.5.2 根据黄瓜长相和生育期长短，按照平衡施肥要求施肥，适时追施氮肥和钾肥。同时，应有针对性地喷施微量元素肥料，根据需要可喷施叶面肥防早衰。

4.8.5.3 不允许使用的肥料：在生产中不应使用未经无害化处理和重金属元素含量超标的城市垃圾、污泥和有机肥。

4.8.6 植株调整

4.8.6.1 吊蔓或插架绑蔓：用尼龙绳吊蔓或用细竹竿插架绑蔓。

4.8.6.2 摘心、打底叶：主蔓结瓜，侧蔓留1瓜1叶摘心。25～30片叶时摘心，长季节栽培不摘心，采用落蔓方式。病叶、老叶、畸形瓜要及时打掉。

4.8.7 及时采收

适时早采摘根瓜，防止坠秧。及时分批采收，减轻植株负担，以确保商品果品质，促进后期果实膨大。产品质量应符合无公害食品要求。

4.8.8 清洁田园

将残枝败叶和杂草清理干净，集中进行无害化处理，保持田间清洁。

4.8.9　病虫害防治

4.8.9.1　主要病虫害

4.8.9.1.1　苗期主要病虫害：猝倒病、立枯病、蚜虫。

4.8.9.1.2　田间主要病虫害：霜霉病、细菌性角斑病、炭疽病、黑星病、白粉病、疫病、枯萎病、蔓枯病、灰霉病、菌核病、病毒病、蚜虫、白粉虱、烟粉虱、根结线虫、茶黄螨、潜叶蝇。

4.8.9.2　防治原则

按照"预防为主，综合防治"的植保方针，坚持以"农业防治、物理防治、生物防治为主，化学防治为辅"的无害化治理原则。

4.8.9.3　农业防治

4.8.9.3.1　抗病品种：针对当地主要病虫控制对象，选用高抗多抗的品种。

4.8.9.3.2　创造适宜的生育环境条件：培育适龄壮苗，提高抗逆性；控制好温度和空气湿度，适宜的肥水，充足的光照和二氧化碳，通过通风和辅助加温，调节不同生育时期的适宜温度，避免低温和高温障害；深沟高畦，严防积水，清洁田园，做到有利于植株生长发育，避免侵染性病害发生。

4.8.9.3.3　耕作改制：与非瓜类作物轮作3年以上。有条件的地区实行水旱轮作。

4.8.9.3.4　科学施肥：测土平衡施肥，增施充分腐熟的有机肥，少施化肥，防止土壤盐渍化。

4.8.9.4　物理防治

4.8.9.4.1　设施防护：在通风口用防虫网封闭，夏季覆盖塑料薄膜、防虫网和遮阳网，进行避雨、遮阴、防虫栽培，减轻病虫害的发生。

4.8.9.4.2　黄板诱杀：设施内悬挂黄板诱杀蚜虫等害虫。黄板规格 25 厘米 × 40 厘米，每 667 米^{2}悬挂30～40 块。

4.8.9.4.3　银灰膜驱避蚜虫：铺银灰色地膜或张挂银灰膜条避蚜。

4.8.9.4.4　高温消毒：棚室在夏季宜利用太阳能进行土壤高温消毒处理。

高温闷棚防治黄瓜霜霉病：选晴天上午，浇 1 次大水后封闭棚室，将棚温提高到 46℃～48℃，持续 2 小时，然后从顶部慢慢加大通风口，缓缓使室温下降。以后如果需要每隔 15 天闷棚 1 次。闷棚后加强肥水管理。

4.8.9.4.5　杀虫灯诱杀害虫：利用频振杀虫灯、黑光灯、高压汞灯、双波灯诱杀害虫。

4.8.9.5　生物防治

4.8.9.5.1　天敌：积极保护利用天敌，防治病虫害。

4.8.9.5.2　生物药剂：采用浏阳霉素、嘧啶核苷类抗菌素、印楝素、硫酸链霉素、新植霉素等生物农药防治病虫害。

4.8.9.6　主要病虫害的药剂防治

使用药剂防治应符合 GB 4285、GB/T 8321（所有部分）的要求。保护地优先采用粉尘法、烟熏法。注意轮换用药，合理混用。严格控制农药安全间隔期。

4.8.9.7　不允许使用的剧毒、高毒农药

　　生产上不允许使用甲胺磷、甲基对硫磷、对硫磷、久效磷、磷胺、甲拌磷、甲基异硫磷、特丁硫磷、甲基硫环磷、治螟磷、内吸磷、克百威、涕灭威、灭线磷、硫环磷、蝇毒磷、地虫硫磷、苯线磷等剧毒、高毒农药。

参考文献

［1］王倩. 保护地黄瓜栽培技术［M］. 北京：中国农业大学出版社，1998.

［2］郜凤梧. 大棚黄瓜早熟高产栽培实用技术问答［M］. 北京：科学技术文献出版社，1999.

［3］李建吾，籍越，孙守如. 黄瓜温室大棚病虫害防治130问［M］. 北京：中国农业出版社，1999.

［4］尚庆茂，高丽红，王怀松. 黄瓜无公害生产技术［M］. 北京：中国农业出版社，2003.

［5］司力珊. 瓜类蔬菜无公害生产技术［M］. 北京：中国农业出版社，2003.

［6］凌云昕，韩建明，钱忠贵，等. 黄瓜栽培与病虫害防治技术手册［M］. 北京：中国农业出版社，2004.

［7］赵冰. 黄瓜生产百问百答［M］. 北京：中国农业出版社，2005.

［8］史宣杰，程俊跃，蔡毓新，等. 河南省越冬温

室黄瓜间作苦瓜无公害栽培技术［J］．中国瓜菜，2012，25（1）：58-60.

［9］刘素芹，崔健，宋云云，等．日光温室黄瓜长季节栽培技术［J］．中国瓜菜，2012，25（1）：58-60.

［10］曹齐卫，李利斌，王永强，等．日光温室冬春茬黄瓜超高产栽培技术［J］．中国蔬菜，2016（9）：98-100.

［11］李野牧．日光温室冬春茬黄瓜结瓜期管理要点［J］．农业与技术，2016，36（4）：153.